KB011822

이렇게 말해줘야겠다

일상을 함께하는 아이에게

이렇게
말해줘야겠다

수정빛 지음

RISE

차례

프롤로그 아이를 생각하며 이 책을 펼쳤을 당신에게   8

(Part 1)

아이에게 말하기 전에,
나에게 먼저 들려줘야 할 이야기

- 부모라는 이름은 잠시 내려놓고   16
- 좋은 부모의 시작은 자기 치유다   23
- 피할 수 없는 육아 우울증   31
- 아이의 행복보다 나의 행복이 먼저다   40
- 부모인 나에게 자책보단 따뜻한 격려를   47

Part 2

세상을 배워가는 아이를 위해,
내가 먼저 알아야 할 것들

- 교육과 양육에 철학이라는 기둥을 세우자   56
- 우리나라 교육 현장의 현실   63
- 미래를 살아갈 아이에게 필요한 교육은 따로 있다   70
- 공부는 시켜서 하는 것이 아니라 스스로 하는 것   77
- 아이의 마음을 열고 신뢰를 쌓는 대화법   84
- 자존감이 인생에 끼치는 영향   91
- 장점을 강점으로, 단점을 보완점으로   98
- 인생을 좌우하는 인성 교육   106
- 창의력은 교재가 키워주는 것이 아니다   112
- 교육을 완성해주는 것은   119
- '부모'라는 이름의 책   126

Part 3

일상을 함께하는 아이에게
이렇게 말해줘야겠다

- 말 한마디가 가져다주는 선물들   134
- 슬기로운 가정 보육   140
- 여러 번의 짜증보다 솔직한 '화'가 낫다   147
- 진짜 존중 vs 가짜 존중   154
- 거짓말하는 아이, 이대로 괜찮을까?   161
- 첫째가 처음인 아이를 대하는 자세   170
- 떼쓰는 아이 우아하게 대처하기   177
- 칭찬은 양이 아니라 질   183
- 사랑의 회초리란 존재하지 않는다   189
- 아이들에게 배우는 삶의 지혜   196

Part 4

교육기관에 다니며 시작되는
아이의 첫 사회생활

- 부모에서 학부모가 되었다는 것은　　　　　204
- 첫 교육기관을 고르기 전에 꼭 알아두자　　209
- 비교가 독이 되는 과정　　　　　　　　　217
- 친구와 다투고 온 아이　　　　　　　　　224
- 발표를 못하는 아이　　　　　　　　　　230
- 상담 전에 학부모가 준비해볼 만한 질문들　237
- 엄마들과의 친분은 과연 필요할까　　　　244
- 아이의 사춘기를 대하는 진짜 어른의 자세　251
- 그냥 부모 말고 좋은 부모　　　　　　　　257

에필로그 **뻔하고 당연한 이야기들**　　　　　264

아이를 생각하며
이 책을 펼쳤을 당신에게

아마도 이 책을 펼친 당신은 '아이에게 어떻게 해 줘야 아이가 더 행복해질까'라는 마음으로 고심해서 책을 고르고 펼치셨을 것이라 생각합니다. 또, 당신은 이미 여러 육아 관련 서적을 살펴보시면서 아이의 행복을 위해 내가 어떻게 해야 하는지 고민을 많이 하시는 분이실 거라 짐작해봅니다. 그런데 어쩐지 이 책은 기존의 많은 교육 분야의 책과는 다르게 가벼운 에세이 같아 보이기도 하고 이야기하는 저자도 꽤 젊어 보여서 의아함과 호기심도 생기셨으리라 생각됩니다.

저의 첫 번째 책을 만나보셨던 분들이라면 이미 알고 계시겠지만, 저는 유년 시절에 일찍부터 인생의 큰 고난을 맞이하였고 심리적인 불안과 트라우마를 안고 살아왔습니다. 본래 직업인 교사를 유지하며 색채심리, 미술치료 등 다양한 것들을 많이 경험하고 배우며 개인적인 내면 치유를 함께 병행하였습니다. 그러나 오랜 시간 제 마음속에 묵혀 있던 트라우마와 상처를 치유해 나가는 과정은 그리 쉽지 않았습니다. 20년이 넘는 시간 동안 느꼈던 극심한 불안과 우울감과 낮은 자존감을 회복시키기 위한 배움을 생활화하였습니다. 이렇게 쉽지 않은 과정이었음에도 견디고 버티며 나아가다 보니 조금씩 감정을 조절할 수 있는 능력이 향상되었고 불안과 우울감에 하루를 보내던 날들이 줄어들기 시작했습니다.

내면을 치유하는 과정들은 저를 더 존엄한 인간으로 이끌었으며, 인간에겐 무엇보다 내면의 힘이 중요하다는 것을 알게 된 계기가 되었습니다. 이렇게 상처가 치유됨에 따라 스스로를 '교육자'라고 지칭할 만큼 직업에 대한 사명감도 생기게 되었습니다. 제게 있어서 교사라는 직업은 처음엔 안정적인 생활을 이어나갈 수 있게 해주는 생계 수단에 불과했습니다. 하지만 저의 존재와 삶에 끊임없는 물음, 내면을 치유하는 과정을 통해 인간의 삶에 있어서 가장 큰 영향을 끼치는 것은 부모의 양육과 교육자들의 교육 전달법이라는 것을 깨달았습니다. 이 큰 깨달음은 교사로서 잔잔했던 제 마음에 불을 지폈고, 제자로 만나는 아이들 한 명 한 명과 부모님들께 도움이 되고자 노력하게 하는 열정이 되어주었으며 지금 이 책을 집필하게 되는 길로 들어서게 해주었습니다.

사실, 교육 분야의 책을 쓰기로 결심을 했을 때 막중한 부담감도 함께 느꼈습니다. 이미 기존에 너무 유용하고 훌륭한 책들이 넘치는데 제가 과연 독자님들에게 만족스럽고 도움이 되는 책을 만들 수 있을까, 라는 걱정이 머리와 마음에 가득하게 차올랐습니다. 그러다 문득 이런 저의 생각과 걱정은 기존의 책들보다 더 우수한 책을 쓰고 싶었던 저의 욕심이라는 것을 알았습니다. 욕심이라는 것을 알고 나니 오히려 욕심으로 가득했던 마음에 '내가 잘 전할 수 있는 것들을 전하자'

라는 다짐이 들어서게 되었습니다. 이러한 계기 덕분에 책을 통해 독자님들께 전하고 싶은 이야기의 방향을 찾아 집필을 이어갈 수 있었습니다.

　개인적으로 저는 무언가에 대해 알아갈 때 이해하는 시간이 꽤 오래 걸리는 편입니다. 어떤 주제나 문제가 있으면 근본적인 뿌리들까지 살펴보고 이해한 뒤에야 그것에 대해 이해했다고 이야기할 수 있다고 생각하기 때문입니다. 다른 이들은 이해하는 시간이 오래걸리는 저를 두고 답답하다고 여길 수 있을 것입니다. 그런데 저는 저의 이런 느린 속도가 꽤 마음에 듭니다. 특히 아이들 교육에 적용이 되었을 땐 더 마음에 들곤합니다. 누군가 저에게 "아이들에게 이런 교육은 필수죠."라고 이야기를 한다면 그 교육이 어떤 교육인지, 정말 괜찮은 교육이라면 아이들에게 구체적으로 어떤 영향을 주는지, 전달하는 교육자로서 어떻게 전달해야 아이들에게 잘 적용을 할 수 있는지 등 나름의 절차를 걸쳐 여러 번 생각하고 탐구하여 성립된 교육 철학을 바탕으로 아이들에게 적용을 해보며 다듬고 보듬어 나가는 느린 과정을 거치기 때문입니다.

이렇게 긴 과정들을 통해 얻게 된 교육 철학들이 이 책에 담겨 있습니다. 책에 담긴 교육 철학을 촉감으로 표현한다면 몽글하고 물렁한 느낌이란 표현이 어울릴 것입니다. 제가 소개하는 이야기들은 딱딱한 이론들보다도 저의 어린 시절 모습과 상황들, 내가 바라지 않았던 엄마의 모습, 내가 바랐던 아빠의 모습, 저와 만났던 부모님과 아이들의 감정 등 귀한 경험들이 교육 철학의 바탕이 되었기 때문에 딱딱하기보단 몽글하고도 물렁한 감정들을 느끼실 수 있을 것입니다. 그래서 이 책에는 "이렇게 해야 아이가 달라집니다!"라고 정답을 제시하는 책이 아니기에, 명확한 답을 내려주는 책에 대한 선호도가 높은 분께는 다소 속 시원하지 않은 책이 될 수도 있다고 미리 말씀드리고 싶습니다.

다만, 책에 담긴 여러 이야기를 곱씹고 또 곱씹어서 마침내 스스로 답을 찾아내실 수 있는 방향을 안내하는 책이 되어드릴 것이라고 생각됩니다.

앞으로 시작되는 이야기에는 아이와 함께하는 어른들이 먼저 알아두고 생각해봐야 할 것들, 일상에서 마주하는 것들이 한 인간에게 끼치는 영향, 어른들이 인도해야 할 아이들의 삶의 방향 등이 담겨 있을 것입니다.

아이들의 행복을 위해 이 책을 펼치셨을 독자님들에게, 이 책이 단순히 어떠한 정답을 강요하는 교육 분야의 책이 아닌, 아이를 떠올리기 이전에 '나'라는 존재를 먼저 이해하고 아이의 마음을 헤아려보는 생각할 거리를 제공하는 다정한 책으로 여러분 곁에 함께하길 바랍니다.

Part 1

아이에게 말하기 전에,
나에게 먼저
들려줘야 할 이야기

부모라는 이름은
잠시 내려놓고

코로나 이후의 우리 일상 풍경은 참 많이 달라졌다. 날씨와 관계없이 마스크 착용은 필수가 되었고, 학교뿐만 아니라 다수의 인원이 함께하는 각종 축제와 공연들은 온라인으로 활성화되었다. 이제는 마스크를 벗고 지냈던 불과 몇 년 전 모습을 사진과 영상으로 만나게 될 때면 낯설게 느껴지기까지 한다. 코로나 시대가 되고 나서 방역을 위해 애써주시는 많은 의료진들께도 정말 감사하고 죄송한 마음이 들었지만, 가장 미안한 마음이 들었던 사람은 다름 아닌 아이들이었다. 영유아 교육기관부터 학교까지 각종 행사와 견학, 체험이 중단되어 아이들이 경험할 수 있는 것들이 제한되었다. 실내에서 지낼 때도 아이들은 그 작은 얼굴 위에 마스크를 쓰고 눈만 서로 마주치는 모습을 직접 보고 있노라면 어른으로서 마음이 아프고 미안했다.

　어른인 우리는 코로나 시대 이전에 마스크 없이 자유로움이 일상이었던 과거라는 시간이 있지만, 아이들에게는 그러한 과거가 존재하지 않는다. 현재 마스크가 필수인 이 시점이 아이들에겐 과거이자 현재이다. 부디 아이들이 살아갈 미래에는 코로나 시대가 아닌, 코로나 이전의 자유로움이 일상이었던 때가 되돌아왔으면 한다. 코로나 이전의 시대가 간절해진 만큼 자연스레 과거를 회상하는 시간 또한 많아졌다. 현재와 다르게 공기를 마음껏 마시면서 자유로웠던 그때를 말이다. 뜨거운 햇볕이 내리쬐는 더운 날, 친구들과 놀이터에서 신나게 뛰어놀다가 나무 아래 그늘에 앉아 아이스크림을 먹으며 쉬었던 때를 떠올리면 저절로 나른해지고 행복해진다. 어린 시절에는 하루의 절반 이상은 노는 시간으로 보냈는데도 힘들다는 생각을 해보지 못했다. 그렇게 실컷 쉬다가 놀다가를 반복하며 해가 질

때쯤 할머니가 내 이름을 부르시면 쪼르르 달려가 밥 한 그릇 뚝딱 비웠던 그 시절이 무척 그리운 요즘이다.

그때와 더불어 과거가 그리운 이유 중에 또 다른 이유를 한 가지를 꼽자면 나를 부르는 이름에 있다. 과거에는 나를 부르던 호칭은 오직 내 이름뿐이었다. 부모님에게도, 친구들에게도, 선생님에게도 나는 언제나 수정이었다. 그러나 나를 비롯한 어른이 된 우리에게는 어느새 많은 이름들이 생기기 시작한다. 선생님, 팀장님, 대리님 등 직업과 직위에 따라 호칭이 다양해지고 내 이름보다 직장에서 불리는 호칭을 듣는 날이 자연스럽게 많아진다. 그러다 오랜 시간을 함께하기로 약속한 사람을 만나 결혼을 하고, 자식을 낳으면 호칭이 아닌 '부모'라는 또 하나의 이름을 갖게 된다.

고등학교 때 친했던 친구가 아이를 출산하기 전에 아이와 관련된 육아용품 선물만 계속해서 받다가 립스틱을 선물로 받고 서러움과 동시에 감동을 받아 눈물을 흘렸다는 이야기를 한 적이 있다. 친구 이야기를 듣고 친구가 눈물을 흘린 이유를 알 것 같았다. 매번 기념일마다 당연하게도 자신을 위한 선물이 가득했었는데 이젠 한 아이의 엄마로서 받는 선물들이 가득해지니 무척 당황스럽기도 하고, 마치 아이에게 자신이라는 존재가 가려진 것 같은 묘한 느낌이 들었을 것이다. 친구의 이야기를 듣고, 부모라는 이름이 서서히 스며들기 시작하는 것은 아이가 태어나기 전부터 진행되는 것이라는 사실을 알게 되었다.

이렇게 부모라는 이름은 아이가 태어나기 전부터 그 영향력을 발휘하여 부모라는 역할에 대한 책임감과 부담감의 무게를 일찍 실감하게 한다. 한 사람의 생명을 보호하고, 인생에 필요한 많은 것들을 가르쳐주며 성장하도록 돕는 것만큼 큰 책임감이 따르는 것이 있을까. 내가 그동안 교사를 하면서 만나 뵀던 학부모님들께서는 부모라는 이름의 무게를 짊어지시고, 한없이 작아지시는 모습을 많이 보았었다. 아이가 혹여 다른 친구들에게 피해를 주진 않는지 물어보시고, 친구와 싸우고 문제 행동을 일으켰을 때는 줄곧 스스로를 탓하곤 하셨다.

이미 이 책을 보고 계시는 학부모님들과 선생님들 혹은 아이를 사랑하는 많은 사람들은 평소에도 육아 서적, 교육 관련 이야기가 담긴 책들을 비롯해 수많은 강연, 프로그램을 많이 보시는 분들일 것이다. 그런데 이렇게 교육에 대한 많은 정보와 이야기들이 어른들에게 '좋은 부모가 되어야지!', '좋은 선생님이 되어야지!'라는 압박감을 알게 모르게 전하는 것이 아닐까 하는 부분이 염려가 되기도 한다. 아이에게 최선을 다해 노력을 하고 있지만 여전히 책을 보면 배워야 할 것들이 산더미처럼 쌓여 있으면 왠지 모르게 줄어들지 않는 과제를 떠안은 것처럼 제자리걸음을 하는 것 같아 마음이 답답해질 때가 있기 때문이다.

아이의 가까이에서 많은 영향을 전하고 있는 어른이라면, 더욱더 자신이 짊어진 모든 무게들을 잠시 내려놓는 시간을 만들어주어야 한다. 아이가 아직 어리다면 1초 사이에 다치는 아이의 움직임에서 눈을 떼지 못하게 되고, 이젠 많이 성장한 아이라고 해도 이것저것 살펴봐주고 챙겨줘야 하는 것들이 있기 때문에 온 신경이 아이에게 집중이 된다. 이처럼 긴장된 시간으로 하루를 보내고 나면 녹초가 되기 마련이기 때문에 아이와 함께한다는 것은 특별히 활동적인 것을 하지 않아도 함께하는 것 자체만으로도 에너지 소모가 된다. 그러므로 아이와 함께하는 부모와 교사는 너무 바빠서 시간이 나지 않는다고 해도, 숨을 돌리고 온전히 나만의 시간을 단 몇 분이라도 가지는 것이 반드시 필요하다.

나만의 시간이라는 것은 거창한 것이 아니라 마음을 환기를 시켜주는 것만으로도 휴식을 주는 효과가 난다. 일상에서 마음에 환기를 시켜주는 방법으로는 책 읽기, 차나 커피 마시기, 명상 등 개인의 성향에 맞게 다양하게 휴식을 취할 수 있다. 잠시 휴식의 시간을 갖는 것은 어떤 역할을 벗어나 오롯이 '나'라는 존재를 위한 것이다. 나를 위한 시간은 아이를 위한 시간이 되고, 더 나아가 가족과 주변 모든 사람을 위한 시간이 되어준다. 나의 마음이 평화롭고 여유로워졌을 때는 더욱더 넓은 마음으로 불편한 상황을 유연하게 대처할 수 있으니까 말이다.

이 글을 읽는 순간만이라도 숨을 깊게 들이마신 뒤, 길게 내뱉으며 짊어진 많은 역할들을 잠시 내 옆자리에 내려놓아 두자.

좋은 부모의 시작은
자기 치유다

드라마 〈나의 아저씨〉에서는 이런 대사가 나온다. "무슨 고생이냐…… 못난 어른들 때문에." 드라마 〈나의 아저씨〉의 남자 주인공 '동훈'이 여자 주인공 '지안'에게 건네었던 말이다. 드라마 속 지안은 몸이 편찮으신 할머니와 어린 동생의 가장으로 힘겹게 살아가는 20대 초반의 여자이다. 그런 지안에게 날마다 돈을 빼앗아 가는 남자가 있다. 이 남자가 돈을 빼앗은 이유는, 자신의 아빠를 지안이 죽였기 때문이었다. 그러나 지안은 부모의 빚을 갚으라며 매일 찾아와 협박하고 폭행을 하던 남자로부터 자신과 할머니를 지키기 위해 방어 수단으로 살인을 하게 되었다. 다소 어둡다고 느껴질 만한 이야기를 다룬 이 드라마는 2018년에 방영되었지만 여전히 대중들에게 회자되고 있으며 많은 이들에게 '인생 드라마'라는 호칭을 얻고 있다.

〈나의 아저씨〉에서는 우리가 일상에서 잘 드러내지 않는 어두운 면모를 여러 역할을 맡은 인물을 통해서 여과 없이 보여준다. 주인공이 겪은 상황과는 똑같지 않아도 많은 사람들이 공감할 수 있었던 이유는, 누구나 한 번쯤 가족 혹은 친구 등 사람에게 상처받은 경험이 있기 때문이다. 드러내지 않고 살아갈 뿐, 이 세상을 살아가는 사람이라면 상처받은 기억 한 가지씩은 가지고 있지 않은가. 그중에서도 가장 오래가고 해결하기도 쉽지 않은 상처는 부모로부터 받은 상처라고 할 수 있다. 친구에게 상처를 받았어도 인연을 정리하면 시간이 오래 걸릴지라도 마음도 천천히 정리되어 가고, 무례한 직장 상사의 말에 기분이 나쁘다가도 퇴근하고 기분 전환을 하면 금세 기분이 나아질 수 있다. 그러나 부모에게 받은 상처만큼은 평생에 걸쳐 우리를 괴롭게 하고 더 짙어지게 된다.

왜, 유독 부모에게 받은 상처는 오래가는 것일까. 우리가 세상에 태어났을 때 가장 먼저 마주한 사람은 부모였고, 부모의 음성을 들으며 생애 첫 언어를 내뱉었다. 우리는 언어부터 사소한 습관까지 부모로부터 세상을 배우고 습관을 형성하게 된 것이다. 이처럼 아이에게 부모라는 존재는 부모를 넘어선 넓은 세상을 만나기 전에 거치는 첫 세상과도 같다. 아이는 부모라는 세상을 통해 자신의 가치를 확립하고 넓은 세상으로 나아갈 힘을 얻는다. 그러나 부모 역시 완벽하지 않은 보통의 사람이기 때문에 본의 아니게 아이에게 상처를 주고, 아이였던 우리는 부모에게 상처받았던 순간을 어른이 되어 생각해도 여전히 눈물이 나기도 한다. 어떤 이는 치유되지 않은 아픈 상처를 평생 품고 살아가기도 하는데, 나의 경우가 딱 이에 해당된다.

나는, 유년 시절 부모님의 잦은 싸움과 폭력, 이혼 위기, 엄마의 죽음 등 부모님의 영향으로 정서적인 상처가 매우 깊었다. 이것을 스스로 발견해가고 치유해 나가는 과정은 정말 쉽지 않았다. 그러나 포기하지 못했던 두 가지 이유가 있다. 첫 번째 이유는 상처를 치유할수록 하루마다 달라지는 나를 발견하는 데 있었고, 두 번째 이유는 훗날 만나게 될 아이에게 나의 정서적 상처를 대물림하고 싶지 않아서였다.

어린 내가 자주 목격해야 했던 부모님의 폭력적인 다툼으로 인해 부모와의 애착 형성이 중요한 시기에 안정적인 애착 형성이 이루어지지 못했다. 엄마와 아빠의 불화는 어린 나에겐 '부모는 언젠가 내 곁을 떠날 수 있는 안전하지 않은 사람'이라는 것이 머릿속에 각인이 되어 관계에 있어서 상대방을 신뢰하는 것에 어려움을 느끼게 만든 것이다. 부모로부터 전해 받지 못한 안정적인 관계에 대한 결핍을 나와 가장 친밀한 관계였던 연인에게 요구하기도 하였다.

누군가는 내 이야기를 듣곤 '부모에게 너무 많은 책임을 전가하는 것이 아닌가?' 하는 생각이 들 수도 있을 것 같다. 이 생각은 스스로도 굉장히 많이 해왔던 부분이었다. 부모의 행동이 잘못되었다는 것을 알면서도 부모에게 미워하는 감정을 가졌다는 것 자체만으로 수치심을 느꼈기 때문이다. 많은 어른들과 사회에서 "부모니까 그래도 챙겨야지. 미워하면 안 돼."라고 이야기를 할 때, "아니야. 부모라고 다 사랑해야될 필요 없어. 용서하지 않아도 돼."라고 유일하게 말해준 어른이 있었다. 그분은 바로 세계적인 권위를 인정받는 심리치료사 비벌리 엔젤이었다. 개인적으로마음을 치유하고 회복할 때 비벌리 엔젤의 책을 통해많은 치유를 경험할 수 있었다.

비벌리 엔젤은 정서적, 신체적 학대를 받은 아이가 성인이 되어서도 느끼는 수치심을 이야기하며 부모와의 관계가 대물림이 되는 것에 대해 이렇게 이야기를 이어갔다. "어릴 적 자신을 학대하거나 방치했던부모에게서 받은 상처들을 모두 되돌릴 수 없다고 해도, 부모의 왜곡된 거울을 깨뜨리고 새로운 거울을 만들어내는 과정을 통해 우리의 타고난 훌륭함과 강인함 그리고 현명함에 대한 감각을 되찾을 수 있을 것이다." 부모로부터 받은 좋지 않은 영향을 나중에 만나게 될 내 아이에게 전하진 않을까 하고 평소 많은 염려를 하던 나에게 용기를 주는 말이었다. 그 덕분에 무의식 속 깊은 내면에 자리 잡은 잘못된 부모의 상을 깨뜨리고 새로운 부모상을 다시 만들어 나가야겠다고 굳은 다짐을 할 수 있었다.

내게 자리 잡은 상처를 치유해가는 가장 빠르고 좋은 방법은, 상처를 준 사람과 대화를 나누고 그 사람으로부터 상처받은 부분에 대한 진심 어린 사과를 받는 것이다. 그러나 부모가 자식에게 지난날에 대한 잘못을 직접 이야기하고 용서를 구하는 일은 오로지 부모 개인의 몫이지 상처를 받은 사람이 강요를 한다고 해서 이루어질 수 없는 부분이다. 우리가 진심으로 상대방을 용서할 수 있다고 말할 수 있을 때는 상처를 준 사람이 직접 그 잘못을 진심으로 인정하고 사과했을 때 비로소 용서를 하겠다는 마음이 서서히 찾아오게 되는 것이지, 용서라는 마음은 하루아침에 쉽게 찾아올 수 있는 것이 아니다. 허나 용서를 하지 않았을 때 가장 괴로운 것은 나 자신이기에, 상처받은 내 마음은 일단 내가 먼저 치유해가는 것이 나를 위한 길이다.

그 치유를 향한 가장 첫 발걸음은 내게 상처를 준 상대가 밉다는 마음을 인정해주는 것으로 시작하는 것이 좋다. 내 마음을 내가 인정해주는 것만으로도 치유의 효과가 나기 때문이다. 특히, 효를 강조하는 우리나라 사회에서 살아가는 사람이라면 부모를 미워하는 마음이 잠깐 들기만 해도 죄책감에 시달리는 경우가 많다. 아직 과감하게 부모가 밉다고 이야기를 하기 어려워하는 착하고 여린 당신에게 이렇게 이야기해주고 싶다.

"부모에게 모진 말을 듣고 많이 힘들었지? 항상 네 편이길 바라는 부모에게 상처를 받았으니 그동안 얼마나 외롭고 힘들었을까. 부모에게 화가 나고 분노하는 감정이 드는 것은 아주 당연하고 자연스러운 일이야. 그것에 대해 죄책감을 갖지 않아도 돼. 용서하지 않아도 돼. 미워해도 돼. 부모가 너에게 했던 모진 말과 행동들은 부모를 떠나 어른이 아이에게 하지 않았어야 하는 말과 행동이 분명하단다. 그때 부모가 너에게 했던 말들은 절대 네가 부족한 존재라서 그런 것이 아니고, 네 잘못이 아니란다. 그때 부모의 행동은 좋지 않은 자신의 감정을 너에게 쏟아내었을 뿐이야. 많이 무섭고, 많이 외로웠지? 그 시간 잘 견디고 이렇게 바르게 커줘서 고맙다."

피할 수 없는
육아 우울증

자주 즐겨 보는 TV 프로그램은 라디오처럼 틀어놓는 습관이 있는데, 평소처럼 다른 일을 하며 흘려듣다가 잠시 행동을 멈추게 만들었던 대화가 있었다. 진행자가 정신과 전문의에게 코로나 블루와 우울증의 차이에 대해 질문하였고 전문의는 날씨에 비유하여 우울감을 이렇게 정의를 내렸다. "코로나 블루는 누구나 겪을 수 있고 어느 정도의 불안과 우울을 느끼는 것이라면, 우울증은 비가 오는 날이 대부분인 하루를 보내는 것과 같습니다." 그리고 전문의는 뒤이어 "비가 오는 날 속에서 하루 종일 살아가게 되면 세상을 바라보는 시각이 서서히 달라지게 됩니다."라고 우울증을 겪는 사람들의 시각을 날씨에 비유하여 묘사해주었다. 날씨에 비유한 전문의에 표현이 마음에 깊이 와 닿아 고개를 끄덕이며 생각에 잠겼었다.

우울증은 정말 그랬다. 고등학생 때부터 성인이 되어서까지 앓고 지냈던 우울증을 생각해보면, 나의 일상에는 구름이 잔뜩 끼어 있었고 마음에는 온종일 추적추적 비가 내렸다. 어느 날은 가랑비, 어느 날은 장대비, 비의 세기와 빗방울의 모양에만 차이가 났을 뿐 계속해서 비는 내렸다. 그러다 비가 그치고 햇빛이 비추려고 하면 오히려 익숙하지 않은 풍경에 불안해져서 다시 비가 내리는 풍경을 만들어냈다. 그래야 안심이 됐으니까 말이다. 그러나 이 풍경 밖에 있는 사람들은 이 고통을 알지 못했다. 맑은 날이 있으면 흐린 날도 있고 비가 오는 날도 있는데 뭘 그렇게까지 우울해하느냐는 말을 하며 비를 맞는 사람들의 힘든 마음을 쉽게 헤아리지 못한다.

우울함의 발생 원인이 육아라고 하면 더욱더 그렇

다. 주변 사람들은 교사인 내가 일이 너무 힘들다고 하소연하면 보통은 "진짜 힘들겠다."라고 이야기하는 사람들이 많지만, "애들이랑 놀면 되는 거 아니야?"라는 반응을 보이는 사람들도 있다. 육아를 하는 부모가 누군가에게 고충을 털어놓았을 때도 마찬가지다. "집에서 애만 보는 건데 뭐가 힘들어." 하고 공감이라곤 전혀 찾아볼 수 없는 대답이 돌아오기도 한다. 그들이 이런 냉담한 대답을 할 수 있는 것은, 아이들과 온종일 함께하는 시간을 겪어보지 못한 사람이기에 가능한 이야기다.

2021년 베트남 출신인 한 산모가 생후 13일이 된 아이를 안고 뛰어내렸다는 충격적이고 가슴 아픈 뉴스를 본 적이 있다. 산모는 한국이라는 타국에 와서 아이를 혼자서 돌보는 것이 힘들다고 여러 차례 호소를 하였지만 주변 가족들은 남들도 다 하는 출산인데 뭘 그렇게 유난을 떠냐며 핀잔만 주었다고 한다. 이렇게 육아 우울증은 그 정도에 따라 극단적인 선택을 유발할 만큼 위험하다. 실제로 인구보건협회에서 조사한 결과에 따르면 분만 경험이 있는 여성 10명 중 9명이 우울감을 느낀 적이 있다고 응답하였고, 육아로 인해 자살 충동을 느낀 사람은 33.7%의 높은 수치로 나타났다고 한다.

아이와 함께 시간을 보내본 경험이 있는 사람은 알 것이다. 사랑스러운 아이들을 보기만 해도 미소가 지어질 때가 많지만, 아이의 칭얼거리는 소리를 듣기가 힘들 때도 많이 있다는 것을 말이다. 아이의 투정이 벅찰 땐 아이가 미워지기도 하고, 하루에도 몇 번이고 감정이 파도처럼 일렁인다. 이러한 감정의 파도는 결국 나에게 부딪혀 자책감으로 이어지게 된다. 이 작고 어린 아이를 미워했다는 생각에 부모로서 자격이 있나 싶은 생각이 든다. 이렇게 쌓인 감정들은 우울감을 유발하고 해소되지 못한 우울감은 육아 우울증으로 이어지게 된다.

우울증을 경험하면 '내가 너무 나약해서 그런가?'라는 의구심이 들 때가 있다. 그러나 아무리 내면이 탄탄하고 정신적으로 건강한 사람이라고 해도 고된 육아를 경험하면 극도의 스트레스를 받게 된다. 육아와 함께 찾아오는 우울이란 감정을 어떻게 관리하면 좋을까? 우울감의 깊이와 정도에 따라 약물치료가 병행될 수 있지만 스스로의 노력이 가장 중요하다. 나는 10년간 벗어나지 못했던 우울감을 치유하기 위해 많은 방법들을 실행해보았었다. 고등학생 때는 약을 복용하기도 했지만 성인이 되어서는 심리 상담을 병행하면서 혼자서 치유할 수 있는 방법들은 모두 실행해보았다. 그중에서 가장 효과적이었던 방법을 5단계로 정리하여 나누어보았다. 그 방법은 다음과 같다.

먼저 첫 번째 단계로 내 감정을 수용해주는 것이다. 문장으로는 참 간단하게 느껴지는 말이지만 우린 기쁨보다는 상대적으로 슬픔, 짜증, 분노 등의 감정들을 자연스럽게 받아들이는 것에는 어려움을 느낀다. 우울한 감정이 느껴지면 가장 힘들고 괴로운 것은 나인데, 우리는 우울함을 느끼고 있는 나를 타박하고 자책하기 시작한다. '왜 나는 이런 일들로 우울해지는 거지?' '엄마로서 자격이 없는 것 같아.' '나'라는 사람을 내려놓고 하루 종일 아이에게 눈을 떼지 못한 채 살아가고 있는데 몸과 마음이 지치는 것이 당연하다. 충분히 우울함을 느낄 수 있는 일이라고 내 감정을 나에게 허락해주자. 부모 역할을 수행하기 위해 애쓰고 있는 나를 발견하고 따뜻하게 안아주는 마음을 가지면, 그것만으로도 요동치던 감정은 잠잠해지기 시작한다.

두 번째 단계는 내가 느끼고 있는 감정의 이름을 파악하는 것이다. 원성원 감정코칭연구소 소장은 자각의 눈을 키우고 감정에 구체적인 이름을 붙이다 보면 내가 무슨 일을 하며 또 왜 하는지를 명확히 알게 된다고 하였다. 우리는 불안, 우울, 두려움, 좌절하는 감정들을 느끼면 참거나 외면하게 된다. 이렇게 존중받지 못하고 밀어낸 감정들은 더욱더 커지고 짙어져서 점점 더 나를 괴롭게 만든다. 우울하고, 힘들게 느껴지는 감정 자체를 애정의 눈으로 바라봐주고 그런 감정을 느끼는 나를 인정하고 받아들인 후에, 감정을 살아 있는 객체를 바라보듯 살펴보아야 한다. '내가 지금 우울하구나.' '나는 지금 굉장히 화가 난 상태야.' 내가 느끼는 감정의 성질을 파악하면 보이지 않던 감정들의 형태가 명확해지면서 평정심을 찾아갈 수 있다.

세 번째 단계는 단 한 사람에게라도 힘든 마음을 털어놓는 것이다. 우리나라는 매년 우울증을 앓는 사람이 증가하고 있지만 그것을 치료하는 사람의 수는 매우 저조하다고 한다. 나를 힘들게 하는 감정들을 내색하지 않고 혼자서 삭이다 보면 감정의 크기는 부풀어지고 그 감정에 몰입하게 만든다. 마음속에 두고 있는 고민은 누군가에게 털어놓기만 해도 고민의 무게가 가볍게 느껴진다. 가족 혹은 친구, 상담사 등 내 이야기를 편안하게 들어주는 사람이 있다면 그 사람에게 이야기를 하는 것이 좋다. 그래서 오히려 가까운 사람보다는 적당한 거리가 있는 사람에게 말을 하는 것이 더 편안하게 느껴질 수 있다. 가까운 사람일수록 답답하고 걱정되는 마음에 고민을 듣다가 함께 감정이 격해져서 상대에게 더 상처가 되는 말을 할 수 있기 때문이다.

네 번째 단계는 내가 느끼고 파악한 감정을 기록해 보는 것이다. 인간의 신체 구조상 자신을 바라볼 수 없는 것이 특징이고, 자신을 객관적으로 바라볼 수 없기 때문에 나를 바라보는 기술을 습득해놓으면 나를 이해하고 감정을 돌보는 것이 유연해질 수 있다. 감정은 마음에 금방 머물렀다가 금방 사라지곤 한다. 이 감정의 형태를 알아볼 수 있는 가장 간단한 방법은 글로 기록하는 것이다. 분노하거나 우울한 감정이 들 때 날것 그대로의 감정을 적어 내려가보자.

> 예 | 나는 지금 미치도록 아이가 밉다. 엄마라고 부르는 소리도 듣기 싫다.

이렇게 감정을 글로 쓰는 것만으로도 분노가 사그라들고 나와 감정을 분리시켜서 내 감정을 바라볼 수 있게 된다. 감정과 나를 분리하는 연습을 거듭해 나가면 나를 이해하는 마음도 넓어지고 내가 힘들어하는 상황을 파악하여 전과 다르게 반응하는 지혜도 생긴다.

다섯 번째 단계는 노력하고 있는 나를 칭찬해주는 것이다. 나를 내가 칭찬해주는 것이 무슨 이야기인지, 과연 그게 얼마나 효과가 있는지는 내가 나에게 한마디를 건네어보면 금방 알아챌 수 있다. 우리는 타인에게 칭찬을 자연스럽게 건네지만 자신을 긍정적으로 바라보고 칭찬해주는 것에 인색하다. 장점보단 단점이 훨씬 더 커 보이기 때문이다. 그래서 나를 애정의 눈으로 바라보고 말을 건네는 것 또한 연습이 필요한 일이다.

당신은 누군가의 하나뿐인 딸, 아들로 살아오다가 어느새 부모가 되었다.

육아가 너무 힘들지만 부모라는 역할을 소화해내며 하루하루 살아가는 나를 자주 떠올려준다면, 지금 당신의 마음에 잠시 내리고 있는 우울이라는 빗줄기 사이로 따스한 햇볕과 무지개가 비치기 시작할 것이다.

아이의 행복보다
나의 행복이 먼저다

학창 시절에 시험이 끝나면, 교실에는 두 부류의 풍경이 펼쳐졌다. 시험 점수를 확인하는 친구들과 다음 시간을 준비하는 친구들의 모습. 그런데 난 어떤 부류에도 속하지 못하는 모습으로 있었던 기억이 난다. 그때 나는 지나간 시험 점수를 확인하면 기분이 나빠지거나 들뜨는 등 내게 도움이 되는 것이 아니라고 생각했기 때문에 휴식을 취하며 시간을 보냈다. 지금 생각해보면 감각이 예민하고 불안감이 높은 편인 나에게 아주 적절한 대처였다고 생각한다. 그러나 그 당시에는 그렇게 생각하지 못했다. '내가 너무 속 편하게 있는 건가?'라는 생각이 들곤 했다. 학창 시절에는 다수의 사람들이 하는 행동과 다르게 행동할 때마다 줄곧 그렇게 생각해왔던 것 같다.

어른이 되어서도 내 의견이 다수보다 소수에 속할 때 나를 의심하게 되는 것을 종종 느낄 때가 있었다. 많은 정보를 온라인을 통해 알게 되는 시대인 만큼 다른 사람의 의견도 쉽게 접할 수가 있는데, 기사에 달린 댓글 의견과 그 댓글에 공감하는 사람들의 좋아요 숫자가 많은 것을 보면 오래 생각해보지도 않고 '그래, 맞아'라고 단번에 그 생각에 동의할 때가 있다. 유튜브, 인스타그램, 블로그 등 소셜 네트워크에서는 정보뿐만 아니라 다양한 장르의 콘텐츠들을 간혹 보다 보면 의아하다 싶을 정도로 좋아요 공감 수가 많은 것들은 왠지 모르게 더 시선이 가고 옳은 것이라 생각될 때가 있다. 상황이 이렇다 보니 심지어 휴식을 취하는 방법에 있어서도 다른 사람을 보며 영향을 받기도 한다.

누군가가 여행을 가서 찍은 사진을 보면 부러워지고 그들처럼 멋진 휴식을 취하지 못하는 나를 발견하면 한없이 초라함을 느끼기까지에 이른다. 그러나 휴식하는 방법에도 개인의 성향마다 차이가 있다. 어떤 사람에겐 자주 여행을 가서 새로운 환경을 경험하는 것이 휴식이 될 수 있지만, 다른 사람에겐 새로운 곳보다는 익숙한 환경에서 편안하게 있는 것이 휴식이 될 수 있다. 나에게 잘 맞는 휴식 방법을 알기 위해서는 일단 내 성향에 대해 깊이 이해하고 있어야 한다. 그런데 이렇게 방법을 찾으면서까지 휴식이 꼭 필요한 걸까? 해야 할 일도 너무 많고 그럴 여유도 없는데 왜 휴식을 해야 하는 것일까? 라는 의문이 고개를 든다.

레오나르도 다빈치는 "때때로 손에서 일을 놓고 휴식을 취해야 한다. 잠시 일에서 벗어나 거리를 두고 보면 자기 삶의 조화로운 균형이 어떻게 깨져 있는지 분명히 보인다."라고 말했고, 데일 카네기는 "휴식은 곧 회복이다. 짧은 시간의 휴식일지라도 회복시키는 힘은 상상 이상으로 큰 것이니 단 5분 동안이라도 휴식으로 피로를 풀어야 한다."라고 말했다. 이처럼 휴식의 중요성은 예로부터 다양한 분야의 거장들이 공통적으로 강조했던 부분이다. 미 국립보건원 산하 국립신경질환뇌

졸중연구소(NINDS)는 적절한 휴식이 뇌 신경의 기억 재생 속도를 빠르게 한다는 연구 결과를 발표했다. 이처럼 휴식은 바쁘게 살아가는 우리에겐 선택 사항이 아니라 의무와도 같은 시간이다.

나는 휴식이 의무가 아닌 선택 사항이라고 생각해 왔다. 그래서 시간이 여유로워질 때가 우연치 않게 생기면 그때 휴식을 취하곤 했다. 그런데, 하루 일과 중에 오랜 시간을 아이들과 함께하다가 에너지가 바닥이 날 때면 예민해지는 나를 자주 발견했고, 내가 가진 에너지를 잘 활용하려면 아주 잠깐이라도 휴식을 취해주어야 한다는 것을 깨달았다. 나에게 최적화된 휴식을 매일매일 취할 수 있는 시간을 확보해서 의식적으로 휴식을 취하였다.

예민한 나에게 최적화된 휴식법은 아이들과 하루를 시작하기 전에 충분히 나만의 시간을 갖는 것이었다. 오늘 하루 다짐과 내가 할 일에 대해 기록하고, 개인적으로 해야 할 공부를 하며 하루를 시작하였다. 나만의 시간은 출근하기 전 새벽 시간을 확보하여 활용하고 조금 더 일찍 출근하여 개인적인 시간을 보낸 뒤에 아이들을 맞이하였다. 주변 사람들은 일찍 하루를 시작하는 나에게 너무 피곤하지는 않느냐고 걱정을 했지만, 내 시간을 정성 들여 보내고 하루를 시작하는 것과 아닌 하루의 차이는 엄청났다. 휴식을 취하는 시간을 갖고 나서는 아이들을 대하는 나의 태도, 수업 진행 능력 그리고 하루의 질이 확연하게 달라졌음을 느낄 수 있었다.

나만의 시간을 확보한다는 것은 그날 하루 좋은 기분을 유지할 수 있는 원동력이 되어줄 뿐만 아니라 인생 전체로 놓고 봤을 때는 흔들리는 일 속에서도 중심을 잡아주는 기둥 같은 역할을 해준다. 하루를 이어가는 동안에도 수시로 내 감정과 마음을 체크해주고 컨디션을 살피며 나를 챙겨주다 보면, 행복을 발견하고 음미할 수 있는 시간들은 자연스럽게 많아지게 된다. 이것은 내가 행복해지는 방법이기도 하고, 생각보다 많은 사람들이 행복해질 수 있는 방법이기도 하다.

자존감을 회복해가기 시작했을 때, 나와 비슷한 아

품들을 가진 가족과 친구들은 여전히 치유되지 못한 상처로 인해 힘들어하고 아파하는 모습을 보니 온전히 행복하지가 않았다. 그래서 어떻게든 도움을 주려고 이야기도 들어주고 구체적인 조언을 전하기도 하였지만 이내 내가 지쳐버리기 일쑤였다. 그래서 많은 고민 끝에 생각해냈던 방법은 '내가 더 행복해지는 것'이었다. 처음에는 너무 이기적인 방법이 아닌가 생각을 했지만, 정말 신기하게도 내가 내 삶에 더 집중하고 행복해질수록 주변 사람들은 '나'라는 사람에 신뢰를 가지고 자신도 더 행복해지기 위해 여러 방법을 찾고 회복해가는 모습을 보게 되었다.

이처럼 한 사람의 영향력은 예상보다 더 많은 사람들에게까지 도달된다. 내 기분이 좋지 않고 하루를 보내는 의욕이 없다면 그 영향은 그대로 나와 직접적으로 만나는 사람들을 비롯해 그 사람들이 만나는 가족, 친구, 동료 등 나비효과처럼 무수히 많은 이들에게 전파가 되는 것이다. 항상 나의 행복이 남에게 끼치는 파급력을 기억하면 '나'라는 사람부터 먼저 잘 살피고 사랑해주어야겠다는 생각이 들지 않을 수가 없다.

내가 사랑하는 아이, 가족, 친구들이 행복하길 바라는 사랑스러운 욕심이 있는 당신이라면, 당신의 건강, 기분, 마음을 먼저 챙겨야 한다는 것을 꼭 잊지 않았으면 한다.

부모인 나에게
자책보단 따뜻한 격려를

초임 교사 때 가장 두려웠던 것은 학부모 면담 시
간이었다. '학부모님들보다 나이도 어린 내가 과연 학
부모님들께 도움이 될 수 있을까?'라는 생각에 큰 부
담감을 안고 있었다. 그 당시에는 학부모님들을 내가
다가갈 수 없는 큰 어른이라고 생각을 해서 학부모 상
담 기간에 과도한 긴장으로 아이와 관련된 이야기를
제대로 전달하지 못하고 얼버무린 경우가 허다했다.
그러나 이러한 편견들은 해마다 상담을 진행하면서 서
서히 깨지기 시작했다.

아이와 관련된 이야기를 나눌 때마다 내 눈에 비친 학부모님들의 모습은 모두 비슷했다. 몸은 바짝 긴장되어 있으셨고 찻잔을 들고 있는 손은 떨리셨으며, 아이에 대해 이야기를 할 때 표정은 경직되어 있으셨다. "선생님, 제 탓이에요. 제가 잘못 키워서 그래요."라고 이야기하시며 자신을 향한 매몰찬 자책과 함께 눈물을 훔치시는 학부모님들의 모습도 자주 보았었다. 아이와 관련된 이야기를 할 때마다 긴장하시고 작아지시는 부모님들을 보면서 어렵기만 했던 학부모님들도 나와 다른 존재가 아닌, 그들도 그저 누군가의 자식이자 여린 마음을 가지고 담담히 살아가는 평범한 어른이라는 것을 알게 되었다.

부모라는 자격의 무게가 있다면 몇 킬로그램쯤 될까? 차라리 무게가 눈에 보인다면 수단과 방법을 동원해 무게를 줄일 수라도 있을 테지만 부모의 무게는 눈에 보이지 않아 더 애가 탄다. 더구나 그 무게라는 것은 눈 깜짝할 사이에 곁에 다가온다. 긴 학령기의 시간을 지나고 학생 신분을 벗어나 직장을 다니고, 배우자를 만나 가정을 꾸리면 어느새 부모가 되어 있다. 정말 눈 한 번 깜빡한 사이에 지나간 세월 속에서 작은 발을 세상에 내딛은 아이가 어엿한 청년이 되고 그렇게 부모가 된다. 부모가 된다고 하여 하루아침에 사람이 확 달라지는 것이 아니다. 그저 우리는 하루하루를 살아가고, 어제의 나에게 조금씩 영향을 받아 지금의 내가 된다.

많은 아동발달 연구자들은 유아기에서 청소년기까지의 발달에 대해 연구하고 논했다면, 글렌 엘더(Glen Elder)는 인간의 발달은 성인기와 노년기까지 지속적으로 진행되는 과정이라며 '생애이론'을 주장하였다. 생애이론은 인간발달의 각 단계는 이전 단계에서 영향을 받고 다가올 단계에 영향을 준다는 이론이다. 나도 그가 주장하는 생애이론에 전적으로 동의한다. 내가 바라보기만 했던 나이대가 되기만 하면 모든 것이 완전해지고 편안해질 거라 기대했지만 한 살씩 나이가 많아질수록 깨달았다. 특정한 나이가 되면 인간은 갑자기 달라지고 나아지는 것이 아니라, 그저 오늘의 나는 어제의 나보다 1밀리미터씩 도태되기도 하고 나아지기도 하는 긴 여정을 걸어갈 뿐이라는 것을 말이다.

이렇게 긴 여정을 걷고 또 걸어도 '나는 누구인가'라는 물음에 명료한 답을 내리는 것은 평생의 숙제와도 같다. 거기에 덧붙여 부모라는 자아를 하나 더 얻게 된 사람은, '나'와 '부모'라는 두 가지의 정체성을 안고 걸어가게 된다. 그동안 열심히 '나'의 정체성을 찾으며 살아오다가 어느새 추가되어버린 '부모'라는 정체성은, '나'와 '부모' 사이에서 갈등과 혼란을 경험하게 한다. '나는 누구인가?', '내가 바라는 삶은 무엇인가?'에 대한 질문의 답을 내리기도 전에 또 다른 생명을 보호하고 키워내야 하는 부모라는 역할은 이전과는 다른 압박감, 부담감, 책임감 등 복잡한 감정을 느끼게 한다.

이런 많은 감정들을 한꺼번에 짊어져야 한다니. 이 얼마나 한 사람이 감당하기엔 벅찬 무게인가. 그러나 부모가 되면 이러한 무게를 감당하고 있는 자신을 돌아볼 틈도 없이 자신의 무게를 자각하지 못한 채 살아가기 바쁘다. 가족을 위해 하루를 촘촘하게 살아가면서 일상의 중심은 자연스럽게 내가 아닌 가족이 우선순위가 되어버린다. 내가 좋아하는 음식보단 아이와 배우자가 좋아하는 것을 먼저 떠올리고 소비 패턴에도 변화가 생긴다. 나를 위해 지불하여 구매했던 많은 것들보다는 가족을 먼저 떠올리고 가족들에게 필요한 것을 먼저 생각하게 된다. 그런데 이렇게 변화된 자신의 모습은 너무나 자연스럽고 당연하게 찾아오기 때문에, 자신이 얼마나 많은 노력을 기울이고 있는지 자각하지 못한다.

이럴 때일수록 자신에게 따뜻한 격려와 응원을 해주는 사람을 곁에 두는 것이 좋다. 그 사람이 자기 자신이라면 더더욱 좋다. 내 상황을 100% 이해하지 못하는 사람들에게 받는 위로는 한계가 있지만, 내가 나에게 위로를 해주고 격려해주는 것은 시간과 공간의 제약 없이 언제든 가능하고 그 위로의 깊이가 깊고 여운이 길기 때문에 가장 효과적인 위로법이다. 내가 나를 위로하는 것은 명상의 원리와 일맥상통한다. 명상은 마음을 비우고 머리를 비우는 시간을 통해 긴장된 우리의 신경을 이완 상태로 유도한다. 내가 나를 위로해주는 것 또한, 온종일 타인에게 가 있던 시선과 신경을 나에게 맞추어 나를 살피는 일은 우리의 마음을 이완되도록 이끈다.

명상을 한다는 마음으로, 나를 위로해주는 시간을 지금 가져보자. 잠시 호흡을 고르면서 생각하던 많은 것들을 머리와 마음속에서 비워두고, 갓난아이의 몸집만큼 머릿속에 작게 만들고 나에게 천천히 들려주자.

"네가 작은 몸으로 태어났을 때가 눈에 선한데, 벌써 부모가 되었구나. 많이 힘들지? 곁에 있는 아이가 아직 아기라면 밤낮으로 애를 많이 쓰고 있겠구나. 아이가 많이 컸으면 가끔 호통을 칠 때 아이가 자는 모습 보면서 많이 미안해했겠구나. 이제는 너의 이름보다 '○○의 엄마', '○○의 아빠'가 익숙해져 버린 너겠지만, 너도 누군가의 귀한 아들 혹은 딸이란다. 아이만 생각하면 한없이 부족한 부모인 것 같아 자책하는 그 아픈 말들은 그만 멈추고 '나 잘하고 있어'라고 이야기해주면서 네 자신을 가장 아끼고 사랑해주었으면 해. 아이의 부모이기 전에 소중한 사람이라는 것을 꼭 잊지 말아줘."

우리 모두 인간으로서의 삶이 처음이고 부모로서의 삶이 처음인 초보자들이기 때문에 모든 것이 낯설고 서툰 것이 당연하다. 부모라는 이름이 익숙해진 당신은 부모이기 전에 누군가의 하나뿐인 자식이고, 소중한 존재이다. 부모로서 아이에게 하는 말과 행동이 서투를 때면 그날은 하루 종일 아이에게 미안해서 한없이 자책하지 말고, 부모라는 이름으로 처음 살아가고 있는 것이라 서툰 것은 당연하다고 자신을 다정하게 대해주자.

오랜 시간 함께 살아온 자신의 이름 위에 부모라는 이름을 올려두고 아이에게 최선을 다해 살아가고 있는 당신은 참 사랑스럽고 위대한 사람이다.

오늘도 고단한 하루를 견디면서 아이의 곁을 지켜준 당신께 고마운 마음을 전한다.

Part 2

세상을 배워가는
아이를 위해,
내가 먼저 알아야 할 것들

교육과 양육에
철학이라는 기둥을 세우자

"다섯 살이면 자기 이름은 쓸 줄 알아야지."

"집에 보낼 애들 포트폴리오에 수학, 언어 활동지 많이 넣어요."

회의 시간이 시작되면 이러한 이야기들이 난무하였다. 그래서 회의 시간에는 교사와 아이들 모두에게 도움이 되는 이야기가 아니라는 생각이 들면 그 시간엔 머릿속으로 다른 것들을 정리하거나 떠올렸다. 교사를 하는 동안 내가 경험했던 것들과 나와 가까이 있는 교사들의 경험담을 듣노라면, 현장에서 아이들을

위해 애쓰는 참된 교육자들이 많았지만, '교사', '원장'
이라는 권위의 옷을 입고 양심 없는 행동을 하는 사람
들도 많이 목격해왔다.

좀처럼 고분고분하게 지시에 따르지 않는 나를 곱
게 보지 않는 원장들도 있었지만, 그 당시 그들의 생각
에 쉽게 흔들리지 않았던 단단한 내 고집이 있어서 오
히려 다행이었다고 생각한다. 만약에 그 당시 그들의
말을 듣고 그대로 따랐다면, 나는 아이들에게 진정 필
요한 교육이 무엇인지 고민하지 않았을 것이고 겉으로
보여지는 것에 힘을 싣는 것이 진짜 교육이라고 믿었
을 것이다. 또한, 나는 스스로에게 '교육자'라는 명칭
을 감히 뻔뻔하게 붙이지도 못했을 것이다.

내가 그들의 말을 듣고 그대로 따르지 않을 수 있
었던 이유는 교육에 있어 나만의 기준과 철학이 뚜렷
했기 때문에 가능했다. 어릴 때부터 엄마에게 자주 듣
던 소리가 있었다. "수정이는 진짜 고집이 세." 어릴 때
는 낯가림이 심해서 누군가의 이야기가 듣기 거북하더
라도 반박을 하는 성격은 못 되었지만, 아무리 이리저

리 살펴 들어봐도 도저히 납득이 되지 않는 이야기들은 마음에 담아두지 않았다. 상대방의 이야기가 나에게 도움이 되는 조언인지 아닌지를 몇 번이고 곱씹고 생각하는 습관은 성인이 되어서도 남아 있었다. 다른 사람의 말에 곧바로 수긍하지 않는 내 고집스러운 습관이 지시와 명령이 난무하는 사회에서 조금이나마 자유롭게 숨 쉴 수 있는 공간을 마련해주었다. 나이의 압박으로부터 벗어나 내가 하고 싶은 것들에 집중을 하며 나아갈 수 있도록 해주었고, 교육에 있어서 나만의 뚜렷한 철학을 구축하도록 도와주었다.

주입식 교육을 오래 받고 자라 어른이 된 우리에게 가장 어색하고 능숙하지 않은 것 중에 하나는, 다른 사람의 말을 듣지 않는 것이다. 부모님의 말과 선생님의 말이 옳은 것인지 그렇지 않은 것인지 판단하기 어려웠던 어린 시절에는 어쩔 수 없이 주위에 있는 어른들의 가치관, 세상을 바라보는 시선, 성격 등 어른의 모든 것들을 그대로 영향 받으며 성장한다. 그러나 어른이 되어서도 주변 사람들의 말을 거르지 않고 받아들이기만 하다 보면 다른 사람의 사상과 감정에 지배당하여 심적 고통을 겪을 수가 있다. 이것이 습관이 된다면 많은 사람들이 내게 한마디씩 하는 것을 잣대로 스스로 신뢰하지 못하게 되고 의심하게 된다. 아무리 지혜가 깊은 어른의 말씀이라고 해도, 유명한 강사의 이야기라고 해도, 내 기준이라는 거름망을 통해 한 번 거르며 오래 곱씹는 과정을 거쳐야만 진정 나의 것이 되었다고 말할 수 있다. 까다로운 절차를 거쳐 얻게 된 나의 것은 나의 철학이 되어준다.

'철학'이라는 말을 들으면 왠지 거창하고 어려운 용어라고 느껴진다. 철학의 뜻을 검색해보면 장황한 설명에 어떤 의미인지 더 헷갈리기만 해서 나름 철학이 뜻하는 의미를 정리해보았다. 내가 생각한 철학이란, 인생에 가득한 많은 것들, 이를테면 인간관계, 가족, 연인, 사회 등 나를 둘러싼 많은 것들을 그냥 지나치지 않고 그 본질에 대해 깊이 고민하고 연구하여 얻은 개인의 정의를 철학이라고 생각한다. 우리 일상을 둘러싸고 있는 작고 큰 요소에는 저마다의 철학이 스며들어 있다. 그 많은 것들 중에서도 교육에는 뚜렷한 철학이 꼭 필요하다.

아이가 커가면서 부모의 관심사는 자녀의 교육이 되는데, 그동안 아이를 낳기 전에는 교육에 대한 가치관이 따로 없었기 때문에 자연스럽게 아이가 있는 친구나 주변 지인들의 자녀 양육 모습, 온라인에 올라오는 다양한 교육법에 어쩔 수 없이 많은 영향을 받는다. 외부에서 떠다니는 이야기들을 듣다 보면 다른 사람들이 좋다고 이야기하는 것들을 의심 없이 선택하고 자녀에게 적용하는 방법으로 교육을 시키게 된다. 교육 철학이 모호하다면 아이에게 진짜 필요한 교육, 우리 아이에게 잘 맞는 교육은 놓칠 수 있다는 것이다.

누구누구네 아이는 이런 교육으로 실력이 늘었는데 우리 아이는 그대로인 모습을 보면서 조급해지고 유명한 교육 교재나 학원들을 알아보게 된다. 그런데 부모에게 교육 가치관이라는 거름망이 있다면 이야기는 달라진다. 여기저기에서 좋다는 교육들에 관심은 물론 가지만 그들의 이야기만 듣고 판단하지 않고 자신이 직접 그 교육에 대해 알아보는 시간을 충분히 가진다. 책을 통해 공부하기도 하고, 이미 교육을 하고 있는 사람의 의견도 들어보면서 자신이 먼저 교육에 대한 이해를 하고 나서 판단한다. 검토한 결과 우리 아이에겐 잘 맞지 않을 것 같다는 최종 판단이 들면 빠르게 마음을 정리하여 아이에게 진정 필요한 것들을 찾아줄 수 있다.

뚜렷한 철학이 있으면 다른 사람 이야기에 쉽게 흔들리지 않고 그 상황에서 한 걸음 물러나 상황을 지켜보는 여유가 생긴다. 이러한 태도는 다양한 교육에 대해 깊이 알 수 있게 해주고 우리 아이의 장점과 강점에 대해 생각해보는 시간을 가져다준다. 또한 이 교육 저 교육을 하며 아이에게 맞지 않는 교육을 하느라 시간을 낭비하지 않을 수 있을 뿐만 아니라 수백 만원까지 나가는 교육 비용도 절감할 수 있다. 여러모로 교육 철학이 있다는 것은 부모와 아이 모두에게 해를 끼치기보다는 득을 가져다주는 것임이 틀림없다.

교육과 양육에 있어서 철학이라는 기둥을 세울 때는, 먼저 자신이 현재 생각하는 '교육'의 정의를 생각해보는 것으로 시작하는 것이 좋다. 여기서 그치는 것이 아니라, 앞으로 아이를 위해 추구하고 싶은 교육의 정의를 다시 내려보는 것이다.

그 과정에는 아이의 성향, 관심 분야, 아이의 강점, 장점 등 여러 가지로 생각해보고 알아야 할 부분들이 있을 것이다. 어떻게 해야 하는지 막막하고 감이 잡히지 않는다고 해도 괜찮다.

다음 장부터는 그러한 부분들과 관련된 이야기를 풀어나가기 때문이다. 천천히 주제를 살펴보고 생각해보면서 교육 가치관이라는 거름망을 한 땀씩 꿰어 완성해보자.

우리나라
교육 현장의 현실

　어렸을 때부터 갓 사회인이 되었을 때까지 새로운 사람들과 인연이 닿을 때마다 마치 공식처럼 물어보던 질문이 있었다. "너 혈액형이 뭐야?" 서로의 성격을 조금이나마 파악하고자 하는 의도로 서로 혈액형을 물어보며 대화를 시작했던 경험이 많았다. 그런데 요즘은 그 공식 같던 질문에 변화가 생겼다. 또래 친구들과 이야기를 나누게 될 때면 "너 MBTI가 뭐야?"라는 질문을 듣기 시작한 것이다. MBTI란 Myers Briggs Type Indicator의 약자이며 정신분석학자 칼 융의 심리 유형론을 토대로 만들어진 성격 유형 검사 도구이다. MBTI 검사를 통해 자신의 인식 기능과 판단 기능에 대해 알 수 있으며 나의 성향을 파악할 수 있다. 과거의 공식 질문 소재였던 혈액형은 질문을 하는 사람들도 재미에 초점을 맞추어 가볍게 질문을 던지는 것이었다면, MBTI는 정말 그 사람이 어떤 사람인지에 대해 알고 싶다는 조금은 무게 있는 질문이라는 것에 그 차이가 보인다.

학생들부터 청년들 사이에서는 이젠 인사가 되어버린 MBTI는 각 유형마다의 성향별 특징부터 '이별했을 때 반응', '화가 났을 때 대처 방법' 등 성향별로 여러 상황에 따라 대응하는 반응에 대한 콘텐츠들이 넘쳐나고 있다. 인터넷에서 떠돌고 있는 무료 사이트는 저작권이 등록된 공식적인 MBTI 검사가 아니라는 것이 밝혀졌음에도 불구하고 여전히 많은 사람들에게 큰 공감을 받으며 열기가 식지 않고 있는 상황이다. 각각의 성향별로 나타나는 특징에 대해 과한 몰입만 하지 않는다면 자신을 이해하고 타인을 이해하는 유익한 도구가 되어준다고 생각한다. 나 역시도 사람들의 이런 반응이 신기하기도 하고 성향에 따른 태도에 공감이

가는 부분이 많았다.

　가장 재미있었던 정보 중에 하나는, 우리나라에 특히 많이 있는 성향과 그렇지 않은 성향에 대한 이야기였다. 한국심리검사연구소가 공식 MBTI 검사로 실시한 결과에 따르면 전체 인구 중 ENTP, ENTJ, ENFJ 비율은 우리나라에서 단 1~2%밖에 없는 유형이라고 하였다. 이 유형들은 창의적이며 본인이 구상하고 현실적으로 만들어내는 적극적인 특징을 가졌다고 한다. 그런데 이 결과를 곱씹어 생각해보면 우리나라 교육의 특징과 문제점을 파악할 수 있다. 창의력이 중요하다고 이야기는 하지만, 우리나라의 주입식 교육은 아이들의 창의력을 억제하고 개개인마다 가진 고유한 개성은 사회적인 요구의 충돌로 바뀌게 되는 것을 우린 몸소 직접 경험하며 자라왔다.

　시험 점수를 왜 잘 받아야 하는 것인지, 좋은 대학을 왜 가야 하는 것인지. 학생의 신분으로 지내는 동안 자신이 하는 공부와 자신의 삶에 대해 진지하게 고민한 사람이 얼마나 될까? 많은 아이들이 부모님의 공부하라는 잔소리에 등 떠밀려 공부를 하고, 그나마 대학을 진학하는 시기인 고3 때가 되어서 자신이 하고 싶은 것에 대해 깊이 생각을 한다. 하지만 그동안 한 번도 생각해본 적 없는 것들을 생각하는 것은 매우 낯설고 힘든 일이다. 그런 무게를 고3 때 한꺼번에 경험하게 되면서 학생들은 극심한 스트레스와 정신적 고통을 경험한다. 실제로 최근 서울 질병관리청 조사에 따르면 서울 청소년 35.1%는 평상시에 스트레스를 대단히 많이 느끼고 있다고 응답했고, 그중에서 가장 스트레스가 높은 집단은 고3 여학생들로 가장 높은 수치의 스트레스를 느끼고 있다는 결과가 나왔다고 한다.

우리가 학교를 다니며 확실하게 배웠던 두 가지가 있다. 첫 번째, 다른 아이들과 다르게 행동하지 않아야 한다는 것, 두 번째, 어른들 이야기에 반문을 제기해서는 안 된다는 것이었다. 학생 때 학교에서 우리가 충분히 배워야 했던 것은 이러한 것들이 아니라 '학교를 벗어나 혼자 살아갈 세상에 대한 준비'였는데 말이다. 나는 무엇을 할 때 가장 행복한지, 내 마음에 뜨거운 열정을 지펴주는 것은 무엇인지에 대한 충분한 질문을 스스로에게 건넸어야 했다. 자신의 삶과 관련하여 진지하게 고민하는 시간을 가진 후에 살아가는 것과 그렇지 않을 때에는 삶의 모습이 많이 달라지게 된다. 인생에 대한 고민을 학령기에 진지하게 해보고 해답을 일찍 찾은 아이들은, 남들이 직업에 대한 회의감을 느끼고 자신이 진정 무엇을 원하는지 고민을 할 때 자신의 꿈을 향해 기량과 능력을 일찍 펼쳐 나아가는 것을 볼 수 있다.

'나'와 '인생'에 대해 빨리 깨닫는 것은 별것이 아닌 것 같지만 이것은 인생의 엄청난 특권이다. 어릴 때는 '빨리 어른이 되고 싶다'라는 생각으로 얼른 시간이 흐르기만을 바랐다면, 어른이 되고 난 후에는 그렇게 더디게 갔던 시간에 가속도가 붙어 빠르게 흘러가버린다. 영원할 것만 같은 인생에는 죽음이라는 끝이 있다는 것을 자각하게 되는 것이다. 우리는 보통 이미 어른이 되고 시간이 많이 지난 후에야 하루, 1분 1초가 아깝고 빠르게 흐른다고 깨닫게 된다. 이러한 것을 일찍 깨닫고 삶의 방향을 잡고 나아가는 사람들은 남들보다 많은 고민과 걱정으로 고된 시간을 보내지만, 그만큼 앞으로 살아갈 많은 시간들을 그냥 흘려보내지 않고 작은 것에도 행복을 발견하고 감사함을 느끼는 풍족한 삶을 살아가게 된다.

내가 학생의 입장에서 경험했던 과거의 교육과 현재 교사의 입장이 되어 경험한 교육 현장은 오랜 시간이 흐른 만큼 겉으로 보여지는 도구, 사물, 수업 방법 등에 많은 변화가 찾아왔지만 교육에 대한 본질적인 가치에는 변화가 없었다. 여전히 인생에 도구가 되어주는 학습 능력과 성적이 인생의 전부인 것처럼 초점이 맞추어져 있는 것이 우리나라 교육의 현실이고, 우리 사회의 현실이다. 현장에서 아이들과 함께하는 교사가 교육에 대한 올바른 가치관을 가지고 있다고 해도 교사는 유치원, 어린이집, 학교에서 중요시하는 것을 따라야 하고, 교육기관의 리더들 역시 진정 아이들을 위한 교육 가치관을 가지고 있다고 해도 교육청 지침에 따라 운영할 수밖에 없다. 교육이 완전하게 개혁되기 위해서는 사회에 쾨쾨하게 묶어 있는 것들을 모두 바꿔내야 하는 것이기 때문에 오랜 시간이 지났음에도 큰 변화가 찾아오는 것은 여전히 어려운 일이다.

하지만, 그냥 두고 볼 수는 없다. 아이가 성공하길 바라면서 무언가 창조해 나가는 삶이 아닌 평범한 회사원을 양성하는 길로 인도하는 현실을 그냥 두고 볼 수는 없다.

성적이 곧 자신의 가치라고 여기며 자신이 누구인지, 어떤 것을 원하는지 알지도 못한 채 일찍 삶을 포기해버린 수많은 아이들의 희생을 그냥 두고 볼 수는 없다.

사회에서 잘못 안내해주는 것들이 있다면 가정에서는 부모가 바로 잡아주고, 학교에선 교사가, 학원에선 강사가 아이들이 올바른 방향으로 나아갈 수 있도록 환한 등불이 되어 안내해주자.

사회에서 요구하는 부조리한 것들에 과감히 "아니요"라고 말하고 행동할 수 있는 사람이 되도록 이끌어주자. 아이들을 절대 그냥 두지 말자.

미래를 살아갈 아이에게
필요한 교육은 따로 있다

패션에 남다른 감각과 센스를 가지고 있는 사람들을 종종 검색하며 찾아보곤 한다. 자신의 개성을 살리면서 과하지도 않게, 또 너무 심심하지도 않게 적절한 위트를 넣어 스타일링을 하는 뛰어난 감각에 감탄을 할 때가 많다. 자신의 개성을 옷으로 표현하고 적절히 매치하기란 정말 쉽지 않은 것이라 생각하는데 그러한 것들을 자연스럽게 자신의 것으로 만드는 그들의 능력이 참 대단하다고 생각한다. 그런 그들의 패션을 보다 보면 간혹 '응?' 하고 물음표를 짓게 만드는 패션도 있었다. 그러한 패션들은 보통 그때 유행하는 것들이 아니라 처음 봐서 낯선 것들이었다. 그래서 많은 사람들은 그런 패션을 보면서 이해하기 어려워하고 이상한 시선으로 바라보곤 한다.

그런데 당시에는 괴짜라고 취급받던 패션들이 세월이 지나면서 더욱 빛이 나고 진가를 발휘할 때가 있다. 그 당시에는 이해하기 어렵고 저평가 받는 패션이었지만 지금 보면 가장 촌스럽지 않고 요즘 추구하는 패션 트렌드처럼 느껴지기까지 하니까 말이다. 이러한 현상은 비단 패션뿐만 아니라 많은 분야와 장르를 막론하고 자주 만날 수 있는 반응이다. 천재 과학자 아인슈타인을 바라보았던 사람들의 시선도 그러했고, 몇십 년 만에 전성기를 맞이했던 가수 양준일을 바라보는 사회의 시선도 그러했다. 그들을 곱게 바라봐주는 사람보다는 다른 사람과는 다른 생각, 다른 표현을 하는 그들을 이상하다고 여기는 사람들이 더 많았다.

시간이 지나고 난 후에야 뒤늦게 그들이 존경을 받을 수 있었던 이유는 무엇일까? 사회의 분위기와 사람들의 시선보다 자신이 진정으로 원하는 것에 대한 믿음을 놓지 않았던 자세에 그 비결이 숨겨져 있다. 분위기에 휩쓸리지 않는다는 것은 생각보다 정말 어려운 일이다. 아이들 교육에 있어서도 이러한 부분은 간과할 수 없는 부분이기도 하다. 교육법에도 다양한 종류가 있고, 그때그때 유행하는 것들이 존재하기 때문이다. 다양한 교육들을 살펴보면 정말 아이들을 위한 교육이 맞는지에 대한 의문이 든다. 유행하는 교육들은 그저 어른들이 현재를 살아가면서 중요하게 여기는 것들, 아니면 어렸을 때 그들이 받아왔던 교육들을 그대로 찾아 아이에게도 학습시키는 경우가 많다.

전국에 350여 개의 가맹점을 가진 아동 미술교육 브랜드 아트앤하트 이동영 대표는 미술 교육자를 대상으로 하는 강의를 통해 자신의 경험담을 털어놓았다. "우리 엄마가 어렸을 때 저한테 주판 학원이 아니라 영어 교육을 시켰다면 저는 또 다른 삶을 살고 있었을 거예요." 그 당시 주판이 유행하고 중요시 생각될 때 주판 학원을 다니는 아이들이 많았다고 한다. 그러나 그 당시 아이들에겐 주판을 잘 다루는 것이 잠깐 필요했던 교육이었을지 모르지만, 전자계산기는 물론 스마트폰으로 몇 번의 터치만으로도 계산이 가능한 현대 사회에서는 중요하지 않은 교육이 되었다. 이동영 대표가 직접 경험했던 시대에 맞지 않았던 교육 사례를 들으면서 요즘 유행하는 교육을 면밀하게 살필 필요가 있다는 것을 알 수 있었다.

아이와 함께하는 교사와 부모 등 많은 어른들은 아이에게 가장 좋은 것을 해주고 싶어 하는 마음을 가지고 있다. 그렇다 보니 어른들이 살아가고 있는 시대에서 유행처럼 번지고 많은 사람들의 입에 오르는 유명한 것들은 모두 가리지 않고 아이에게 경험시켜 주고 싶어지는데, 이러한 마음은 잘못된 것이라고 생각하진 않는다. 아이를 사랑하는 어른이라면 누구나 겪는 지극히 보편적인 심리이다. 하지만 유행처럼 번지는 교육, 교구, 학원에 관심을 가질 때는 한 번쯤 아이를 떠올리며 '이 교육이 정말 우리 아이에게 필요한 교육일까?', '이 교구를 통해 아이가 배울 수 있는 것은 무엇일까?', '아이가 앞으로 살아갈 시대에도 이 교육이 쓸모 있을까?' 하고 냉정한 질문을 자신에게 건네볼 필요는 있다.

초등학생 때 나는 남들 다 가는 학원이 아닌 컴퓨터 학원을 다녔다. 워드프로세서 자격증 공부를 하고 자격증 취득을 했었다. 그 당시에는 왜 군이 컴퓨터 학원을 보내주셨을까 의아했었다. 지금도 워드프로세서 3급, 2급 자격증을 초등학교 고학년 때 취득했다고 하면 모두들 놀라곤 한다. 분명, 부모님의 주변 사람들이 우리 부모님에게 내가 다니는 학원에 대해 한마디씩 이야기를 꺼냈을 텐데 말이다. 지금 생각해보면 엄마는 당시에 유행했던 교육보다도 앞으로 내가 살아갈 시대에 필요하고 중요한 것이 무엇인지 고민하시고 넓게 바라보셨을 거라는 사실을 20년이라는 세월이 지나서야 이해할 수 있게 되었다.

애플 교육 담당 부사장이었던 존 카우치는 《교실이 없는 시대가 온다》라는 자신의 저서를 통해 디지털 시대에 우리가 주목해야 할 교육의 본질에 대해 이렇게 이야기를 하였다.

"교육에도 무어의 법칙이 어느 정도 존재한다. 기술 발전이 가속화되면서 새로운 세대의 학생들은 그들 특유의 요구에 따라 부모 세대와는 다른 세계에 깊이

빠져든다. 진정하고도 유일한 해결책은 이런 아이들과 함께 배우고 적응하고 변화하는 것이다."

우리가 배웠던 주입식 교육을 그대로 물려주는 것은 아이들의 발전을 막는 교육 방식이며 더 나아가지 못하게 하는 교육 방식일 뿐이다. 진정으로 아이들에게 도움이 되는 교육은 어른인 우리가 먼저 변화하는 시대의 흐름을 미리 파악하고 배우면서 아이에게 알려주는 것이 시대를 이끌어갈 아이들에게 어른이 전할 수 있는 배려가 깃든 교육 방식이 아닐까 한다.

지금 영유아기 아이들은 적어도 15년 뒤에 자신의 삶을 이끌어가게 되고, 학령기 아이들은 10년 후에 청춘의 삶을 살아가야 한다. TV, 유튜브, 옆집 엄마, 아이 친구들의 부모들 사이에서 유행처럼 번지는 그 교육들을 아이에게 당장 경험시켜 주고 싶은 마음이 든다면, 잠시 급한 마음을 가라앉히고 침착하게 생각해보자.

'앞으로 아이들이 살아갈 시대는 현재 어른들이 머물고 있는 시대와는 달라.'

'그렇다면, 지금 유행처럼 번지는 그 교육이 정말 앞으로의 시대를 살아갈 아이들에게 필요한 것일까?'

'현시대를 살아가는 어른으로서 미래를 살아갈 아이에게 내가 조금 더 도움을 줄 수 있는 부분은 무엇일까?'

공부는 시켜서 하는 것이 아니라
스스로 하는 것

시대가 빠르게 흐를수록 정말 많은 신조어들이 생성되고 있다. 신조어들은 대부분 단시간 사람들에게 사용되다가 사라지기도 하는데, 그중에서도 정말 오랜 시간 많은 이들에게 공감을 잃지 않는 몇 개의 단어들도 있다. '불금'과 '월요병'이란 단어는 여전히 많은 사람들에게 사용되고 있다. '불타는 금요일'의 줄임말인 불금과, '일을 시작하는 월요일마다 정신적·육체적 피로를 느끼는 증상'을 뜻하는 월요병이라는 신조어는 이젠 신조어가 아닌 정말 원래 있었던 하나의 단어처럼 들린다. 이 단어들을 사용할 때 정말 흥미로운 것은, 친구에게 "오늘은 불금이다!"라고 메시지를 보내며 하루를 시작하면 바로 기분이 좋아지고, 그날 일하는 마음은 다른 요일에 비해 가벼워짐을 느끼게 된다. 반대로 월요병이란 단어는 생각만 해도 일요일부터 그렇게 마음이 무거워질 수가 없다. 다음 날 출근할 생각에 무기력해지고 당장 월요일이 되면 무거운 마음으로 하루를 시작하게 된다.

이러한 것을 볼 때 단어의 완성은 철자와 완벽한 맞춤법이라고 하기보다는, 단어마다 뜻하는 각각의 의미와 그 의미로 인해 불러일으켜지는 사람들의 감정이 담겨야 비로소 하나의 단어가 완성이 된다고 볼 수 있다. 말하는 사람의 억양과 표정이 가미가 되어야 비로소 단어의 의미가 분명해지고 전달되는 효과가 더욱 극대화되는 것이다. 감정이 들어간 단어들은 말로 표현하는 순간 듣는 이에게 그 감정이 고스란히 전달되는 것이 참 신기할 때가 많다. 인간이라면 모두 말에 담긴 감정들에 큰 영향을 받지만 가장 많은 자극을 받는 사람은 단연 아이들일 것이다.

이 부분에 대해 이해하기가 어렵다면 우리가 아이였을 때를 떠올려보면 쉽게 짐작할 수가 있다. 지금보다 알고 있는 단어들이 많지 않고, 경험해본 것이 적었던 어린 시절에는 내가 느끼는 감정을 온전히 표현할 수가 없었다. 그렇기 때문에 어른들이 말하는 것이 틀렸다고 생각이 되어도 자신만의 기준이 잡혀 있지 않아서 감히 어른들의 말에 반박을 하고 받아칠 수가 없었다. 그 시절 어른들에게 들었던 말 중에 가장 받아치기 어려웠던 말을 꼽으라면 "공부해라", "공부해야지"라는 말이 아닐까.

공부하라는 잔소리를 들으면 부정적인 감정이 올라오지만 부모님께 공부하라는 잔소리를 들으면 억지로라도 어떻게든 공부를 하게 된다. 부모는 잔소리를 듣고 공부를 시작하는 자녀를 보면서 안심하지만 당장 눈에 보이는 자녀의 모습이 아닌 그 후에 나비효과처럼 번지는 부작용을 한번 생각해볼 필요가 있다. 아이에게 억지로 학원을 보내고 공부하라고 다그쳐서 공부를 시켰는데, 매번 성적이 좋았다면 대학도 무난하게 갈 것이다. 그럼 아이는 결국 좋은 대학에 갔으니 공부의 목적은 이제 끝났다고 판단할 수도 있다. 이렇게 되면 성인이 된 아이는 '공부 = 대학 입학을 위한 도구'라고 자신만의 사전에 정의를 내리고 공부에 대한 자신의 의무는 완전히 끝났다고 생각하게 된다.

코로나19로 인해 변화의 속도가 더딘 학교 시스템에도 갑작스러운 변화가 찾아왔다. 교사와 학생들이 교실이 아닌 각자 다른 공간에서 영상을 통해 수업을 듣는다. 미래를 그리는 영화에서만 봤던 풍경이 우리의 눈앞에 찾아오게 되었다. 아이들의 등하교 시간은 절약이 되었지만, 그 후로 「온라인 수업 부작용 속출」, 「학력 격차 더 커져, 온라인 수업 부작용」 등 온라인 수업으로 인해 생긴 좋지 않은 영향에 대한 기사들이 쏟아지기 시작했다. 기사의 내용은 온라인 수업으로 인해 아이들이 공부를 하는 데 어려움을 겪는다는 이야기였다. 이러한 기사들을 보면서 갑작스럽게 변화된 환경에 적응하느라 애쓰는 아이들이 안쓰러웠지만, 한편으로는 '우리나라의 학습 방법에서 가장 문제가 되는 부분이 드디어 수면 위로 드러나게 되었구나!'라는 생각도 들었다. 학력 격차는 대면 수업이 일상이었을 때도 없었던 문제는 아니었다. 하지만 전보다 학력 격차에 대해 신경이 쓰이고 부모가 불안함을 느끼는 것은 예전에는 볼 수 없었던 아이의 학습 태도를 아주 가까이에서 바로 직관할 수 있게 되었기 때문이다.

온라인 수업을 머릿속으로만 생각해보았을 때는 공간의 제약도 없고 편리해서 단점은 잘 생각되지 않았지만, 막상 경험해본 온라인 수업에는 중요한 능력이 필요하다는 것을 알게 되었다. 그 능력은 바로 자기 주도 학습이다. 비대면 수업은 우리에게 익숙한 대면 수업 때보다 자신의 의지와 주도적인 학습 태도가 필수 요인이다. 그동안 주도적 학습이 되었던 아이들은 늘 해왔던 대로 온라인 수업에서도 학습을 이끌어 나가면 그만이지만, 아직 그 부분이 어려운 아이들에게는 온라인으로 진행하는 수업이 집중하지 않기 딱 좋은(?) 환경으로 갖춰져 있다. 가까이에서 자신의 수업 태도를 지적해주던 선생님이 화면 속에서만 보이니 말이다.

자기 주도 학습이란 '학습자 스스로 자신의 학습

목표를 설정하고 그 이후 학습의 전 과정에 주도적으로 참여하는 학습 형태'라고 한국교육심리학회에서 정의하였다. 1960년대 초반 자기 주도 학습에 대해 연구한 말콤 놀스(Malcom Knowles)는 1975년에 자기 주도 학습의 과정을 5단계로 구성하여 발표하였다. 그 단계는 다음과 같다.

1. 학습 요구에 대한 진단
2. 학습 목표 수립
3. 학습을 위한 인적, 물적 자원 확인
4. 적절한 학습 전략의 선택과 실행
5. 학습 결과 평가

이처럼 자기 주도 학습은 학습자 본인이 학습에 대한 동기부여와 목표 설정이 명확하게 되어 있어야 하고, 학습이 끝난 후에도 학습에 대한 평가를 하며 보완할 점까지 파악한 후 수정할 수 있는 능력을 말한다.

어렸을 때 내 성적은 어정쩡하게 중간에 머무르며 늘 월등하진 않았지만, 부모님은 내게 '공부 좀 해라!'

라는 잔소리로 압박을 하진 않으셨다. 그래서 공부는 내가 노력하지 않으면 노력하지 않은 만큼 성적이 내려가고, 노력하는 만큼 오르는 것이라는 것을 몸소 느낄 수 있었다. 부모님께서는 공부뿐만 아니라 일상생활에서도 내가 실수한 것은 온전히 내가 책임져야 하는 것이라는 것을 알려주시곤 했는데, 그때의 배움은 지금 내 삶에서 일어나는 많은 것들을 주도적으로 이끄는 자기 주도적인 삶의 태도를 만들어주었다.

아이가 잘되었으면 하는 마음으로 "공부 좀 해! 언제까지 놀고만 있을래?"라고 말하기 전에, '공부는 무엇인가?', '공부는 왜 하는가?', '아이의 인생에 있어서 공부가 어떤 영향을 주었으면 하는가?'라는 물음에 대한 답을 조용히 먼저 생각해보는 시간을 갖도록 하자.

아이의 마음을 열고
신뢰를 쌓는 대화법

  엄마와 나는 시시콜콜한 이야기들을 나누었던 가장 친한 친구였다. 그런 엄마는 내가 열일곱 살 되던 해에 돌아가셨고 그때부터 난 인생의 많은 것들을 혼자 고민하고 정해왔다. 이렇게 인생에서 작고 큰 문제들을 혼자서 해결하는 것이 당연하다고 생각해왔었는데, 앞으로 내가 누군가에게 고민을 털어놓지 않고 혼자 끙끙 앓고 산다면 마음의 병이 더욱 깊어지겠다는 생각을 하게 되었고 그 후로는 스트레스를 크게 받는 날이면 딱 한 명에게라도 무조건 고민되었던 것, 힘들었던 감정을 털어놓곤 한다. 하소연을 한다고 해도 일이 해결되지는 않지만 내 이야기를 들으며 맞장구를 쳐주고 격려해주는 사람과 소통을 하면 어지러웠던 마음이 정리되고 스트레스가 해소되는 것을 느낀다.

누군가와 대화를 나누고 소통이 된다는 느낌은 스트레스를 해소시켜 주고 마음을 괴롭히는 우울감, 불안감을 해소시켜 마음의 안정을 주는 효과를 가져다준다. 그런데 이것을 반대로 생각해보면 인간은 대화를 하지 못하고 소통이 불가할 때 정신적 고통을 초래할 수 있게 된다는 의미이기도 하다. 실제로 코로나19 대유행으로 인해 외출에 큰 제한이 있었을 때 혼자 있는 시간이 많아지면서 정신적 고통을 호소하는 사람들이 급증하였다고 한다. 그만큼 대화가 원활하게 되지 않는다는 것은 인간에게 정말 치명적인 스트레스 요인이 된다.

특히, 아이와 함께할 때 가장 힘들고 어려운 부분은 소통이 불가할 때이다. 보통 어른들의 대화는 서로 말을 주고받는 방식으로 이어진다. 서로의 생각과 감정을 주고받으며 소통하는 대화 방식에 익숙한 어른들에게 아이와 대화를 나누는 것은 어쩐지 어색하고 답답하게 느껴지기도 한다. 아이는 문제 행동을 일으킬 때 아이가 부모의 말을 듣지 않거나 문제 행동을 더 과하게 표현할 때가 많다. 그럴 때는 당황스럽기도 하고 화가 나서 아이를 다그치게 되고 도통 원활한 소통이 되지 않는다. 도대체 이해하기가 어려운 아이의 마음은 어떻게 읽어야 할까? 어떻게 해야 아이와 잘 소통할 수 있을까?

아이의 마음을 잘 읽는 어른이 되고 싶다면 먼저 내 감정과 친밀해지는 연습이 필요하다. 아이뿐만 아니라 다른 사람의 감정을 빠르게 알아차리기 위해서는 내 감정을 잘 이해하고 조절해야 한다. 그러면 타인의 마음을 예상해보고 살펴볼 수 있는 것이 훨씬 더 수월해진다. '내 감정을 알아야 남의 감정을 살필 수 있다……?' 무슨 뜬구름 잡는 이야기인가 생각할 수도 있겠다. 감정과 감성 지능이 인간에게 어떤 역할을 하는지 20년 이상 연구한 마크 브래킷에 의하면, 감정은 창의성·효율성·성과와 관계가 있다고 하였다. 원대한 목표를 달성하고 좋은 성적을 거두고 사람간의 협력을 성공으로 이끌기 위해서는 감정을 도구로 삼아야 한다고, 그는 인생에 있어 감정의 중요성에 대해 강조하고 또 강조했다.

그가 강조했듯이 내 감정을 잘 다루기만 해도 나의 삶을 이루는 모든 것들이 조금씩 수월해진다. 나의 감정을 알아차리지 못하고 조절이 어려운 상태에서는 타인의 감정을 천천히 살펴볼 마음의 여유가 부족해진다. 타인의 감정을 면밀히 살펴본다고 해도 내 감정을 관리하는 것이 뒷전이 된다면 결국 마음의 병이 깊어져 대화하는 데 더 큰 어려움이 생긴다.

눈에 보이지 않는 감정과 친밀해질 수 있는 방법은, 보이지 않는 감정을 인식하며 내 감정을 천천히 이해해가는 것이 중요한 핵심이다. 감정을 인식할 때는 내 기분을 자주 들여다보는 수고로움이 필요하다. 내가 무엇을 할 때 기분이 좋아지는지, 그 기분의 이름은 기쁨인지, 감동인지 감정의 이름도 생각해보고, 반대로 기분이 좋지 않을 때는 어떻게 달래주어야 기분이 나아지는지 여러 방법들을 나름 시도하면서 내가 느끼는 감정이 무엇인지 살펴보는 시간을 가지면 자연스럽게 감정을 관리하는 것이 능숙해질 것이다. 이와 더불어 심리와 관련된 책을 보거나 다른 사람들의 감정을 살피며 감정에 대한 이해의 폭을 넓히는 것도 감정과 친밀해질 수 있는 좋은 방법이다.

분명, 이번 장에서는 대화법이 주제인데 장황하게 감정에 대해 이야기를 늘어놓는 것이 의아하게 느껴질 수도 있지만, 어른들보다도 아이와 대화를 나누기 위해서는 감정을 조절하는 능력은 정말 중요한 부분이다. 아무리 대화의 기술을 배운 것을 토대로 그대로 아이에게 사용한다고 해도, 책에서 나온 대화 방식처럼 예측 가능한 태도를 취하지 않는 것이 아이들이다. 감정을 조절하지 못하면 원래 대화 방식대로 아이에게 감정적인 대응을 하기 때문에 내 감정부터 잘 관리하는 능력이 먼저 선행되어야 한다. 감정을 잘 관리하는 능력이 곧 대화를 원활하게 해주는 능력이 되기 때문이다.

감정을 돌보고 관리하는 것을 유지하면서 아이와

대화를 나누는 상황을 떠올려보자. 정말 많은 상황들이 스칠 것이다. 그 많은 순간들 중에서 내 마음이 가장 답답해지고 화가 치밀어 오를 때를 생각해보자. 이럴 때는 '화'라는 감정의 형태를 빠르게 인식하고 그에 맞는 나름의 대처를 진행하면서 아이와 대화를 이어가는 것이 좋다. 그리고 나를 향해 버럭 소리를 지르는 아이에게 질문을 해보자. "지금 화가 많이 났니?" "무슨 일로 이렇게 화가 많이 났니?" 앞서 내 감정의 형태를 인식할 때 내 기분을 살피는 것처럼 아이에게도 스스로 자신의 기분을 살필 수 있도록 돕는 질문을 해주는 것이다. 아이는 어른처럼 자신이 느끼는 감정을 구분하기 어렵고 감정의 이름도 생소하기 때문에 어른들이 감정을 알아갈 수 있도록 질문을 해주며 안내해주어야 한다.

나의 화를 잘 다루며 아이가 자신의 감정이 무엇인지 알아차릴 수 있도록 질문을 해주고, 아이의 감정을 공감하면서도 놓치지 말아야 하는 것은 한계 설정이다. 아무리 자신이 화가 나고 기분이 나쁘더라도 타인에게 상처를 주거나 피해를 주는 행동에 대해 명확한 한계를 설정해주어야 한다. "장난감을 가지고 싶어서 속상한 건 알지만, 이렇게 사람 많은 곳에서 소리를 지르면 안 되는 거야." "네가 화가 난다고 해서 사람을 때리는 건 절대 안 되는 행동이야."

아이가 자신의 감정을 차분하게 생각할 수 있도록 질문을 건네주고 아이의 감정에 공감을 표현하면서 이 감정이 어디에서부터 시작되었는지, 지금 이 상황을 어떻게 해결해 나가야 하는지 아이와 함께 감정이 생기게 된 근원을 살펴보고 유추해야 마음을 읽는 대화가 진행될 수 있다.

아이의 감정이 어디에서부터 시작이 되었을지 생각해보는 기술을 습관으로 만들어서, 아이와 나의 관계 속에 천천히 평화와 행복이 깃들 수 있도록 만들어보자.

자존감이
인생에 끼치는 영향

"수정 님은 제가 만나온 만 명의 내담자 중에 자존감 올리는 방법을 가장 잘 아는 1위인 사람이에요."

2년 만에 상담사님과 통화를 하던 중에 상담사님께서 내게 해주었던 말이다. 상담사님과 인연이 닿았던 것은 20대 후반 암흑 같은 나날 속에서 헤매고 있을 때, 심리 상담을 받으면서 인연이 닿게 되었다. 상담사님은 내가 인생을 살면서 처음으로 만난 진짜 어른이었다. 앞이 보이지 않을 만큼 어두웠던 내 인생에 불빛을 들고 찾아온 첫 번째 어른. 어린 시절부터 봐왔던 부모님의 싸움과 폭력 그리고 엄마의 죽음을 목격

하기까지. 당시에는 치유 받지 못했던 마음들이 20대
가 넘어서 요동치기 시작하였고 결국 28세가 되던 해
에 억눌러왔던 상처와 트라우마가 폭발하게 되었다.

이젠 더 이상 과거처럼 살고 싶지 않다는 일념 하
나로 심리 상담을 신청하게 되었고 그때 처음으로 내
가 살아온 시간들이 얼마나 고됐는지, 그로 인해 내 자
존감이 어떤 상태였는지 명확하게 알 수 있었다. 자존
감이라는 말, 그 자체만으로도 내겐 참 어색한 단어였
다. 나는 20대 후반이 될 때까지 한 번도 나와 내 인생
에 대해 깊이 고민해본 적 없었고 '나'라는 존재에 대
해 진지하게 생각해본 적이 없었다. 과거의 나를 떠올
렸을 때는 스스로도 보잘것없는 사람이라고 생각했었
다. 그러나 상처로 가득했던 유년 시절 자체를 곧 나의
가치라 여겼기 때문에 나를 보잘것없다고 여겼던 것은
매우 자연스러운 일이었다는 사실을 상담을 하면서 뒤
늦게 알게 되었다. 이렇게 마음을 살펴보는 시간을 가
지게 되면서 어린 시절부터 쌓아지지 않은 자존감의
뿌리를 매만져주고 회복하는 시간을 가질 수 있었다.

'자존감의 뿌리를 매만져주고 회복하는 시간.' 누군가에겐 이 문장이 간단하고도 쉽게 다가올 수 있겠지만 그 과정을 직접 걸어왔던 나는, 그 시간이 얼마나 처절했는지 직접 경험했기에 그때를 생각하면 아직도 눈물이 왈칵 쏟아질 것만 같다. 작고 큰 흠이 생겨 약해질 대로 약해진 내 마음의 그릇을 깨지지 않도록 보살펴주는 일은 꽤 처절하고 힘겨운 싸움이었다. 마음을 다잡아주는 글들을 눈에 보이는 곳곳에 두고 읽으며 마음을 진정시켰고, 불안함이 극심해질 때는 일기장에 감정을 토해내듯 글을 쓰며 마음을 다스렸다. 그렇게 조금씩 글을 보는 시간이 줄어들고, 감정을 글로 쓰는 날들이 줄어드는 것을 보면서 '이젠 정말 마음이 괜찮아졌구나' 하고 생각했다.

몸소 느껴왔던 그리고 여전히 느끼고 있는 자존감이 삶에 끼치는 영향력에 대해 내 주변 사람들뿐만 아니라 더 많은 사람들에게 알리고 싶었다. 그래서 선택한 것이 책이었으며, 작가라는 생각지도 못한 직업을 운명처럼 가지게 되었다. 어느새 두 번째 책을 집필하고 있지만 첫 번째 책을 집필할 때 전하고 싶었던 마음과 열정은 더 진해지고 있다. 인간의 자존감은 어린 시절에 그 기반이 완성되고 그 기반을 형성해주는 역할을 하는 것이 부모, 교사, 어른들이라는 사실을 알리기 위해, 내가 느끼고 경험한 것들을 배경 삼아 감히 교육과 자존감의 연결고리에 대해 이렇게 힘주어 이야기를 하고 있다.

자존감이 중요하다는 사실은 부모라면 모르고 있는 사람보다 알고 있는 부모들이 더 많을 것이다. 이미 각종 매체에서 그 중요성을 이야기하고 연구한 것을 많이 다루었으니까 말이다. EBS 〈아이의 사생활〉 제작진이 우리나라 최초로 자존감이 아이와 한 인간에게 끼치는 영향에 대해 연구하여 프로그램으로 방영했을 때 그 파장은 엄청났다고 한다. 자존감이 낮은 아이와 높은 아이를 대상으로 사회성, 도덕성, 학습 수준 등 다양한 실험을 진행하였으며 그 결과는 극명한 차이를 보였다. 자존감의 차이가 곧 그 사람의 인생에 많은 부분에 차이를 가져다준다는 것을 실험을 통해 밝혀냈으니 말이다. 인본주의 심리학을 주장한 칼 로저스는 개인 성장의 핵심 요소는 자아 인식이라고 자존감의 중요성에 대해 이야기하였다. 이 밖에도 자존감의 중요성을 이야기하는 학자들과 강연은 넘쳐난다.

　하지만 프로그램 방영과 사회적인 이슈로 떠올랐음에도 불구하고 어른들은 자존감의 영향력을 금방 잊어버리고 아이를 다그치게 된다. 그 이유는 뭘까? 아이와 함께하는 어른들이 부족해서 그런 것이라곤 생각하지 않는다. 이 문제를 깊이 들여다보면, 우리나라의 전반적인 교육 분위기와 낡은 교육 가치관들이 사회 기저에 깊숙하게 깔려서 아이들과 교사 그리고 부모에게 영향을 주기 때문에 한 개인의 문제라고 절대 말할 수가 없다고 본다. 교사인 나에게 상사가 아이들 교육과 관련하여 어떤 지시를 내렸을 때 '왜 아이들에게 전혀 좋은 영향이 가지 않는 겉보기식 교육을 전해야 하는 걸까?' 하고 의문을 품었던 적이 한두 번이 아니었다. 더 곤욕스러웠던 것은 그 지시가 타당하지 않더라도 나는 그저 상사의 지시에 따라야 하는 직원의 입장이라는 것이었다. 이러한 부분에 대해 반문을 제기한 적도 있었지만, 상사 입장에서는 교육청에서 지시를 받은 부분이거나 주변 다른 기관에서 추구하는 방향을 거스르지 못하는 사정이 있기 때문에 실행해야만 하는 것들이 대부분이었다. 이렇게 지시가 시작되는 곳을 거슬러 올라가 보면 사회에 깊이 파고든 뿌리들을 발견할 수 있었다.

　　이런 갑갑한 현실에 분노하고 분개했지만 내가 당장 바꿀 수 있는 것들은 없다는 것이 아픈 현실이었다. 그럼 변화시킬 수 없는 것들에 좌절하고 수긍하며 살아가는 것이 과연 맞는 것일까? 이 질문에 대한 대답은 "아니다"라고 단호하게 말하고 싶고, "아니어야 한다"라고 강조하여 말하고 싶다. '학업 성적이 우선시되어야 한다!', '좋은 대학에 가야 한다!', '돈 많이 주는 안정적인 직장에 취업하는 것이 최고다!'라고 외쳐대는 사회 분위기 속에서 우리가 살아가더라도 한 인간의 삶에 있어서 중요한 것은 그것만이 다가 아니라는 것을 많은 어른들이 꼭 기억하고 있어야 한다. 지금도 아이의 얼굴을 떠올리며 이 책을 읽고 있는 당신이라면, 더욱 더 기억해주었으면 한다.

아이의 인생에 가장 큰 영향을 끼치는 것은 아이의 자존감이며, 아이가 자존감의 씨앗을 심을 수 있는 건강한 흙을 마련해주고 씨앗이 꽃을 피울 때까지 필요한 것은 어른들의 관심과 애정 어린 한마디라는 것을.

장점을 강점으로,
단점을 보완점으로

아이들과 함께 지내다 보니 자연스럽게 동화책을 많이 접하게 되는데, 아이들에게 책을 읽어주다가 어른의 마음을 움직여주는 책들도 만날 수 있었다. 그중에서도 가장 최근에 내 마음을 움직여준 동화책이 한 권 있다. 그 책에 강한 끌림을 느꼈던 이유는 여느 동화책처럼 마냥 밝지만은 않은 그림의 색채와 분위기가 나의 감성을 제대로 건드려주었다. 《나는 강물처럼 말해요》라는 제목이 새겨진 동화책의 표지를 보며, 작가는 도대체 어떤 감정을 담았길래 책을 읽기도 전에 동화책에서 울컥하는 감정을 끌어내는 것인지 신기하고 묘한 기분이 들었다. 본격적으로 책을 보게 되었을 때 동화 속 이야기에 금방 몰입하게 되었다. 한 번은 동화 속 주인공인 아이의 입장이 되어 몰입을 하며 읽었고, 한 번은 아이의 아빠 입장이 되어 동화에 몰입하였다.

아이는 학교에서 말이 없는 조용한 아이였다. 그런 아이에게 친구들은 핀잔을 주었다. 다수의 사람들이 조용하고 말이 없는 자신을 이상하게 여기고 틀리다는 시선으로 바라보았지만 유일하게 한 사람은 아이를 다르게 봐주었다. 그리고 이렇게 이야기를 해주었다. "너는 강물처럼 말하는 거란다." 그 말을 듣고 아이는 조용히 흐르는 강물을 보며 가만히 생각에 잠긴다. 그러다 마침내 자신은 말수가 적기 때문에 다른 사람들이 듣지 못하는 것을 듣고, 더 섬세하게 느낄 수 있는 것들이 많다는 것을 스스로 깨닫게 된다. 아이가 스스로의 가치를 의심하고 있을 때 아이에게 큰 힘을 실어준 한마디를 전한 사람은 아이의 아빠였다. 아빠는 남들이 이상하다고 바라보는 아이의 소극적인 모습들을 아이의 특별하고 유일한 능력임을 발견해주었다.

　동화 속 아빠의 태도는 현실에서 취하기 어려운 행동이라 여길 만큼 부모에겐 쉽지 않은 태도이다. 부모가 되면 나보다 더 사랑하게 되는 아이의 주변으로까지 비교 대상이 확장되어 비교로 인해 겪는 감정의 폭이 더 넓어진다. 다른 집 아이보다 공부에는 영 관심이 없는 우리 아이가 걱정이 되고, 어린 나이 때부터 노래하고 운동하는 아이들보다 우리 아이는 딱히 특별하게 잘하는 것도 없다고 느껴질 때 불안과 걱정이 한꺼번에 몰려오기 시작한다. 교사도 마찬가지이다. 수업에 집중을 잘하는 아이에 비해 집중을 못하는 아이의 태도가 더 도드라져 보이고, 자꾸만 다른 아이들과 어떤 아이를 비교하게 되는 마음이 생기게 된다. 어른들의 이런 마음과 시선들이 반복되면, 아이의 이름 앞에 고정된 수식어가 붙여진다. '고집 센 아이', '공부 못하는 아이', '재능 없는 아이'. 이렇게 붙여진 수식어는 보통 아이들의 행동을 바라보고 판단한 어른들로부터 파생되어 완성이 된다.

행동분석 심리학과 교수 게리 마틴(Garry Martin), 조셉 페어(Joseph Pear)는 어른의 눈에는 잘못된 행동처럼 보이는 아이들의 행동들은 '잘못됐다', '맞다'라고 판단할 수 있는 것이 아닌 그저 수정이 필요한 행동들이라고 이야기한다. "행동 수정은 개인이 자신에게 붙여진 명칭으로 덜 불리도록 행동 변화를 일으키는 데 사용되는 일련의 절차다."라고 말하며, 어른들은 아이에게 행동 수정가가 되어야 한다고 말하였다. 아이들의 행동에는 행동 과잉과 행동 결핍이 있을 뿐이다. 아이들의 행동을 어른들이 먼저 넓은 마음으로 수용해주면 아이들에겐 놀라운 변화가 찾아오기 시작한다.

실제로 행동 수정이란 개념을 적용하여 아이들이 변화된 모습을 보고 경험한 적이 많다. 그중에서 유난히 기억에 남는 아이가 있다. 그 아이는 교사들에게 '유별난 아이'라는 수식어를 가진 아이였다. 아이는 수업 시간마다 몸을 가만히 있지를 못하였고 교실을 돌아다니고 바닥에 침을 뱉는 등의 과잉행동을 보였다. 그 아이가 과잉행동을 보일 때 주변에 피해가 가지 않는 행동들은 허용해주었다. 수업 시간에 참여하기 힘들면 돌아다니는 것은 좋지만 수업에 방해가 되지 않도록 친구들 시야를 가리지 않게 하는 것을 약속하였고, 바닥에 침을 뱉으면 자신이 한 행동을 책임질 수 있도록 아이가 스스로 정리하도록 하였다. 그와 동시에 아이를 면밀하게 관찰해보니 친구들을 잘 챙겨주는 다정한 모습들이 많은 아이라는 것을 알았다. 아이에게 그때부터 잦은 격려와 함께 교실에서 아이가 할 수 있는 작은 역할들을 하나씩 주어서 친구들로부터 "고마워"라는 말을 많이 들을 수 있도록 하였다. 그렇게 몇 개월이 지나고 아이의 과잉된 모든 행동들은 멈추었고 친구들에게 더 다정한 친구가 되었으며, 학습에 몰두하는 시간 또한 길어져 학습 능률도 오르게 되었다.

이러한 변화는 한 아이뿐만 아니라 다수의 아이들에게서 매일같이 보는 일이다. 아이들의 행동을 수정시킨 방법은 간단하다. 아이에게 선명하게 보이는 단점을 '보완점'으로 바꾸어 생각을 하면 된다. 아르바이트 또는 취업을 할 때 이력서 양식 질문란에 단골로 등장하는 것이 있다. 바로, 장점과 단점이다. 이 두 가지는 마치 하나의 짝꿍처럼 익숙한 단어이다. 그래서 내 성격에 대해 생각해볼 때와 다른 사람을 파악할 때 장점과 단점을 생각하려 드는 것은 우리에겐 어쩌면 숨 쉬듯 자연스러운 일이라 할 수 있다. 누구에게나 장점과 단점이 있다는 것이 이력서를 작성할 때는 그렇게 큰 타격이 없는 일인데, 일상에서 다른 사람으로부터 지적을 받거나 타인과 자신을 비교할 때 등 단점이 내게 피부로 닿을 때는 그 타격감의 깊이가 달라진다. 나는 단점밖에 없는 사람 같고 다른 사람들보다 훨씬 뒤처진 것 같아 큰 불안감이 몰려든다. 이런 불안감이 들기 시작할 때 고개를 저으며 단점의 이름을 얼른 보완점으로 바꾸어 생각해야 한다.

보완점으로 생각한다는 것은 보완을 하여 변화할 가능성이 있다는 것을 말하기 때문에 내가 부족했다는 것을 나의 전부라고 생각해버리는 오류를 피해갈 수 있다. 이러한 시선 그대로 교육에도 적용을 하면 불필요한 감정들을 이전보다 잘 지나칠 수 있게 된다. 발표를 잘하는 아이에 비해 너무 소극적인 것처럼 보이는 우리 아이의 태도를 단점으로만 보면 아이는 소극적인 아이가 돼버리지만, 다른 사람의 말을 경청할 수 있는 아이의 강점을 발견해주고 자신의 생각을 말로 표현할 수 있는 계기를 마련해주면 아이의 장점은 강점이 되고 단점은 보완점으로 조금씩 변화를 줄 수 있다.

인생 자체를 한 인간이 자아를 찾아가는 긴 여정이라고 볼 때, 영유아기와 학령기 때는 '자아'라는 단어를 이해하기도 어려울 만큼 다른 사람을 통해 자신의 가치를 하나씩 발견하고 모아가는 시기이다. 인생에 있어 가장 중요한 이 시기에 누군가로부터 듣는 나의 단점들은 큰 영향을 주는 것을 넘어서, 단점 자체가 '나'라고 여기게 될 수 있을 만큼 위험한 말이 된다.

동화 속에 나온 주인공 아이처럼 자신의 가치를 발견하지 못하고 풀이 죽은 아이가 있다면, 조용히 곁에 다가가 이렇게 말해주는 것은 어떨까?

"이 세상에는 완벽한 것들이 없단다. 네가 가진 모습을 어떻게 바라보느냐에 따라 너의 단점이 되기도 하고 강점이 되기도 한단다. 그러니 누가 뭐라고 하는 이야기에 흔들리지 않고 너의 마음에 더 귀 기울여주었으면 해."

인생을 좌우하는
인성 교육

다양한 온라인 영상 플랫폼에서 활약을 하는 사람들을 보면서 친구들에게 매번 하는 이야기가 있다. "저 사람들은 넘치는 끼를 어떻게 여태껏 참고 살아온 걸까?" 특별한 능력과 외모를 가진 사람들만이 대중들에게 노출되는 것이 당연한 것이라 여겼었는데 춤, 연기뿐만 아니라 각자 자신의 이야기와 정보를 자신만의 색깔로 창조하여 끼를 발산하는 사람들을 보면서 놀라움을 금치 못했다. 영상 매체에 노출되는 것은 소수의 사람들만이 경험하는 특별한 것이 아니라 평범한 사람도 자신의 이야기와 끼를 자유롭게 발산할 수 있는 기회를 만들 수 있다는 것이 이 시대를 살아가는 사람으로서 너무 흥미롭고 참 감사한 일이라 생각한다.

나의 가치를 대중들에게 알릴 수 있는 기회의 장벽이 낮아진 만큼 부와 명성을 얻는 것은 예전보다 쉬워졌지만, 한 번에 많은 것을 잃을 수 있는 위험 또한 과거보다 많아졌다. 대중들에게 많은 화제가 된 크리에이터와 연예인들이, 받았던 사랑의 몇 배에 달하는 아픔을 되돌려받는 경우가 발생되는 것을 심심치 않게 발견할 수 있다. 학교 폭력 피해자들이 가해자를 지목하며 폭로를 하고, 상대로 하여금 정서적, 신체적 상처를 받았던 구체적인 사건에 대해 언급하고 법정 논쟁을 펼치는 모습이 계속해서 대중들에게 노출되고 있다. 이렇게 인기와 명성이 절정에 이르렀을 때 추락하는 사람들의 모습을 보면서 과거처럼 특출한 능력과 재주만으로는 타인에게 신뢰와 사랑을 얻기는 어려워진 시대임을 깨닫게 되었다.

이러한 일들을 보면서 과거와는 다르게 왜 지금은 이런 부분들이 중요해졌을까, 하고 여러 번 깊이 생각에 잠긴 적이 있다. 이제는 과거처럼 어떤 기술이나 정보와 같은 것들을 직접 찾아가서 배우지 않아도 스마트폰 검색 몇 번이면 알 수 있고 배울 수 있는 것들이 다양해졌다. 그래서 그만큼 사람들의 지적 수준, 실력과 능력 차이는 과거보다 별반 차이가 나지 않을 정도로 비슷해졌기 때문에 대중들과 소비자는 '내가 이 사람을 신뢰해도 되는 것인지'에 대해 더 높은 잣대로 유명인들을 비롯해 자신이 소비하는 모든 것들에 더 깐깐한 평가를 하게 되었다. 그 평가 기준은 그 사람의 인성, 품위, 사생활로까지 범위가 확대된 것이다. 게다가 이젠 전 세계 모든 사람들과 소통할 수 있는 또 다른 온라인 세계가 발전하고 있는 시대이므로 그 통로를 통해 어떤 소식이 들리면 전 세계적으로 파장이 더 크게 되어 한 사람의 인생은 밑바닥까지 추락하는 것이 가능해진 것이 요즘 시대이다.

한마디로 정리하자면 시대가 빠르게 발전하면서 똑똑한 사람들은 넘쳐나지만 존경을 받는 사람은 드물어졌다. 많은 이들에게 존경을 받으며 오래도록 자신이 가진 것을 잃지 않고 꾸준히 나아가는 사람들을 살퍼보면 그들은 모두 능력만큼 훌륭한 인성을 가졌다는 공통점을 가지고 있다. 인성이라고 하면 착한 척을 하면 된다고 생각할 수도 있겠지만, 인간의 거만한 본성을 갈고 닦으며 올바른 인성을 유지한다는 것은 생각보다 그렇게 쉬운 일은 아니다. 인성은 어렸을 때부터 삶을 마감할 때까지 어떻게 관리해주느냐에 따라 천천히 쌓아지고 습득하는 것이다. 그래서 어렸을 때 스스로 돌보지 못하는 아이들의 인성은, 아이와 함께하는 보호자가 어떤 가치관으로 아이에게 인성 교육을 해주는지에 따라 아이가 생각하는 인성의 큰 뼈대가 자리 잡게 된다.

인성 교육을 말하기에 앞서, '교육'이 무엇인지 한번 그 정의를 짚어보는 것이 좋겠다. 교육이란 좋은 학교를 가는 것일까? 높은 점수를 받는 것일까? 왠지 심오한 이 물음에 대한 대답에 뭐라고 똑 떨어지게 정의를 내리기가 어렵게 느껴지지만, 간단히 검색을 해보면 명쾌한 정의를 알 수 있다. '교육이란 인간이 삶을 영위하는 데 필요한 모든 행위를 가르치고 배우는 과정이며 수단을 가리키는 교육학 용어.' 생각보다 단순한 정의를 보고 허탈한 감정이 들기도 한다. 교육의 뜻을 반복적으로 읽다 보면 아이에게 해주어야 할 인성 교육에 대한 힌트를 얻을 수 있다.

인성이란 개인이 가진 성품으로 나와 더불어 관계에 큰 영향을 끼치는 부분이다. 아무리 혼자 있는 것이 더 편안한 사람이라고 해도, 일을 하고 삶을 영위해가기 위해서는 사람들과 관계를 맺고 어울려 살아가야 한다. 이것은 부정할 수 없는 인간의 숙명과도 같은 것이다. 그럼 인성을 교육시킨다는 것은, 아이가 사람들과 잘 어울려 살아갈 수 있도록 해주고, 어울려 살아가다가 사람에게 상처를 받는 일이 생기더라도 금방 털어낼 수 있는 힘을 길러주는 것이고, 남에게 큰 상처를 남기는 사람이 아닌, 사랑을 전하고 그로 인해 행복을 느끼는 사람이 될 수 있도록 가르치고 돕는다는 것이 바로 인성 교육의 의미라고 정의를 내릴 수가 있겠다.

능력과 실력을 갖추는 것은 단기간에도 수련할 수 있는 것들이지만 사람의 인성은 단기간으로는 절대 나아질 수 없는 부분이다. 높은 지적 수준을 가졌음에도 자신의 성격을 억지로 꾸며낸 사람의 본모습이 언젠가 밝혀지는 것은 대단한 사건이 아니다. 인성은 인간이 태어나면서부터 차곡차곡 축적이 되어 만들어지는 것이기 때문에 무척 자연스러운 일이라고 표현하는 것이 더 적확한 표현이다. 그렇기 때문에 인성 교육은 반드시 어렸을 때부터 부모와 교사, 아이와 함께 있는 어른들이 잡아주고 알려주어야 한다.

시중에는 인성 교육 프로그램이다 뭐다 다양하게 많지만 가장 효과적인 교육법을 제공하는 것은 일상에서 벌어지는 모든 일들에 있다. 기분이 좋지 않다고 남을 때리는 것으로 감정을 표현할 때, 밥을 먹은 자신의 자리가 어질러져 있을 때, 공공장소에서 뛰어다니거나 소리를 지르는 행동을 할 때 등 아이가 하는 행동에 조절과 제지가 필요한 순간들 모두가 인성 교육을 실행하기에 가장 좋은 때를 제공한다.

스쳐 지나가는 일상 속에서 아이의 인성이 형성되는 중요한 기회를 놓치지 않고 다듬어주도록 하자.

창의력은
교재가 키워주는 것이 아니다

제철 과일을 잘 먹지 않는 편인데 유일하게 수박은 여름마다 꼭 챙겨 먹는 과일이다. 어렸을 때부터 어른이 되어서도 어떤 과일을 좋아하냐는 질문에 늘 "수박!"이라고 똑같이 대답을 한다. 수박은 내게 어릴 적 향수를 함께 가져다주는 소울 푸드이기도 하다. 수박을 생각하면 어렸을 때 외할머니 댁에서 먹던 수박이 저절로 생각난다. 할머니가 반듯한 정사각형 모양으로 수박을 잘라주시면 맛있게 먹기만 하다가, 성인이 되어 혼자 먹으려고 하니 수박 한 통을 먹고 정리하기까지 여간 까다로운 일이 아니라는 것을 알게 됐다.

혼자 먹기엔 너무 양이 많아서 소량의 수박을 구매하려고 검색하던 중에, 한 번의 칼질로 수박을 보기 좋게 잘라주는 칼을 발견했는데 기막힌 아이디어에 감탄을 하며 칼을 한참 들여다본 기억이 난다. 이런 감탄은 수박 전용 칼뿐만 아니라 일상에 꼭 필요한 도구들을 보면 자주 생각하게 된다. 존재하지 않았던 것을 생각해내고 그것을 사물이나 도구로 구현해내는 사람들이 우리 주변에 많다는 것이 신기하고 그들의 능력에 놀랄 때가 많다. 그리고 그들의 기발한 창의력과 그것을 이루어내는 고집스러운 추진력을 정말 존경한다. 시대마다 그때그때 유행하는 것이 생기면 여기저기에서 그와 비슷한 것들이 우후죽순 생겨나거나 따라 하는 사람들이 많아지는데 그것에 휩쓸리지 않고 자신이 원하는 것에 몰두하는 태도가 너무 멋지게 느껴진다.

생각해보면, 어렸을 때도 무언가 멋져 보이는 것을 한 친구들과 언니 오빠들, TV 속 연예인들을 보면서 그들의 스타일을 따라 해보았던 경험은 누구나 있을 것이다. 따라 하던 그때 내 감정을 생각해보면, 나도 그들처럼 예뻐지고 싶고 멋져 보이고 싶은 마음에 그들이 하는 것을 그대로 따라 하려고 했던 것 같다. 이런 심리는 신기하게도 많은 사람들이 경험하는 것이기도 하다. 어떤 특정 연예인의 헤어스타일이 유행하면 미용실에서는 그 머리를 똑같이 해달라고 요청하는 사람들이 늘어나고, 어떤 음식이 많이 팔린다고 하면 여기저기 비슷한 음식들을 판매하는 곳이 급속도로 많아지는 것을 보면 이러한 현상에 대해 알 수 있다.

유행하는 것들이 날마다 생기는 이 시대의 흐름이 신기해서 조금 더 깊이 생각해보았더니, 유행이라는 것은 유행을 선도하는 자와 따르는 자로 크게 나눌 수 있었다. 그럼 유행을 선도하는 자들에게는 어떤 특별한 점이 있기에 많은 사람들이 그 사람의 사소한 것까지 따라 하고 싶게 만드는 것인지 한 번 더 생각에 잠겼다. 애플, 유튜브, 넷플릭스 등 유행을 선도하는 기업과 그 기업을 만든 사람들은 큰 흐름을 만들어내는 사람이고, 이것의 발단은 새로운 것을 탄생시키는 능력인 '창의력'이 매우 발달한 사람들이라는 공통점을 발견할 수 있었다.

창의력은 교사인 나에게 매우 친숙하고 익숙한 단어이다. 아이들 교재와 각종 학습 광고지를 보면 창의력이란 단어는 빠지지 않는다. 부모와 교사라면 아마도 창의력과 관련된 광고 문구에 시선을 뺏기지 않은 사람은 없을 것이다. 나의 사랑하는 자녀 혹은 제자가 유행을 따라가는 사람보다는 무언가 창조해내고 많은 사람들을 이끄는 선두주자가 되길 바라는 마음이 크기 때문에 창의력이란 단어는 부모와 교사 입장에서는 그냥 지나칠 수 없는 단어이다.

그런데 왠지 창의력이라고 하면 '엉뚱함', '상상력' 등 기발한 결과물을 만드는 사람만이 창의력이 높다고 생각이 드는데 과연 정말 그런 것일까? 그럼, 기발하고 완벽한 결과물을 만들어내지 못한 사람은 창의력이 낮은 사람이라고 할 수 있는 것일까? 우리는 보통 정확히 창의력이 뭔지는 잘 모르겠지만 "이 교재를 하면 창의력이 높아집니다!"라고 외쳐대는 교재, 교구, 학습지, 학원들의 광고를 그냥 지나칠 수 없기에 선뜻 비용을 지불해버리게 된다. 하지만 아무리 좋은 교재라고 하더라도 부모와 교사가 교육적 효과를 제대로 이해하고 알고 있는 것과 그렇지 않을 때는 아이에게 전달되는 교육의 효과는 확연하게 달라진다.

학원을 보내면 아이의 능력은 알아서 자라겠거니 하는 마음으로 학원에 모든 교육을 맡겨버린다면, 보호자가 생각하는 교육의 방향과 어긋난 학원에서 아까운 시간만 흘려보내게 될 수도 있기 때문에 부모와 교사는 제대로 이해하는 것이 좋다. 그러므로 아이의 교육을 위해 선뜻 비용을 지불하기 전에 창의력에 대해 반드시 알아야 할 것들이 있다.

첫 번째는 창의력의 정의이다. 창의력이란 스스로 창조해내는 힘을 말한다. 창의력을 상상력과 혼동하여 좋은 결과물을 만들어내야 창의력이 높은 것이라 생각을 하게 되지만, 창의력은 주어진 문제를 해결해가는 능력이며 그 과정 속에서 자신만의 정의로 재창조하여 자신의 것으로 만드는 과정 자체가 창의력이라는 것을 꼭 기억하자.

두 번째로는 창의력 학습보다 자아 형성이 먼저라

는 것이다. 아이가 창의력을 기르기 위해서는 좋은 영양가 있는 교육을 흡수할 수 있는 마음의 뿌리가 먼저 갖추어져 있어야 한다는 것이다. 아이가 자신이 하는 모든 것에 대해 확신하는 마음, 긍정하는 마음, 즉 자신감과 자존감이 탄탄하게 마음에 뿌리를 내리고 있어야지 자신의 능력을 제대로 발휘할 수 있는 의욕이 생기게 된다. 이 부분은 어른들도 마찬가지이다. 내 마음이 불안하고 안정되어 있지 않으면 입맛도 떨어지고 무언가 할 의욕이 생기지 않는 것을 생각해보면 잘 이해할 수 있는 부분이다. 아이가 '나는 실패해도 헤쳐나갈 수 있는 사람이야!'라고 생각하며 창의력과 더불어 많은 교육들의 좋은 효과를 잘 받아들일 수 있도록, 어른들은 아이가 긍정적인 자아 형성을 할 수 있도록 더 많은 노력을 기울여주어야 한다.

마지막으로, 아이에게 문제를 스스로 해결해볼 기회를 제공하는 것이다. 우리는 어떤 문제가 자신에게 닥쳤을 때 그것을 스스로 해결하면서 나만의 해결 방법들이 하나씩 형성된다. 이것이 바로 창의력이 형성되는 과정이 되어준다. 그런데 어른들은 아이들이 더 큰 실수를 저지르기 전에 혹은 더 좋은 결과를 만들어 주기 위해 완벽하게 완성된 결과를 아이의 손에 쥐어 주려고 한다. 이러한 어른들의 태도는 아이가 문제를 해결하면서 창의력을 기를 수 있는 중요한 기회를 박탈하는 것과 같다.

창의력뿐만 아니라 아이에게 도움이 되는 교육 광고들을 보고 괜히 마음이 급해질 때면, 위 내용들을 떠올리며 마음을 다스리자. 그러면 더 이상 광고 문구에 현혹되어 섣부른 선택을 하지 않고 진짜와 가짜를 구별하는 능력을 기를 수 있게 될 것이다.

교육을
완성해주는 것은

동생과 나는 성격이 정말 다르다. 대표적으로 한 가지를 비교해보자면, 동생은 사람들을 만나 이야기를 많이 나누면서 힘을 충전하고 나는 혼자서 조용히 보내는 시간을 가져야지만 에너지가 충만해진다. 성격도 성향도 모두 다른 동생과 나는 서로를 신기하게 여긴다. 외부에서는 일을 하며 많은 긴장을 하고 신경 쓸 부분이 많지만, 혼자 시간을 보낼 때는 긴장을 하지 않아도 되는 것이 내겐 큰 휴식이다. 다소 심심한 휴식 방법을 가진 탓에 휴식 시간을 만들어내는 것은 오히려 쉽다. 약속을 따로 잡지 않아도 조용한 공간만 있으면 되니까 말이다. 혼자 시간을 보낼 때는 주로 책과 영화를 감상하고, 외부에 나갈 때는 카페나 전시회 등 조용한 곳을 찾아 휴식을 취한다.

전시회는 내게 휴식을 의미하는 장소이기 때문에 되도록 사람이 북적거리지 않는 날에 맞춰서 가려고 한다. 사람이 몰렸을 때 전시회를 갔다가 다 보지 못하고 그냥 나온 적이 있다. 그곳은 사진 촬영이 가능한 전시회였는데 관람하는 사람들 앞으로 카메라를 내미는 손들과 찰칵거리는 소리에 신경이 예민해져서 작품을 감상하는 것에 무리가 있었다. 전시회에서 감상하는 작품이 아무리 좋은 작품이라고 하더라도, 그 공간의 분위기를 조성하는 것들이 조화롭지 않으면 작품에 몰입하기란 어려운 일이다. 안도 다다오는 수십 년간 세계 곳곳에 미술관과 다양한 예술 공간을 설계해왔다. 그는 예술이 있는 공간은 예술만큼이나 중요하다고 말했다.

공간의 조화와 분위기를 중요하게 여기는 건축가 안도 다다오의 마음이 어떨지 조금은 짐작이 간다. 평소 여행을 갈 때 공간의 분위기가 어떤지 사전에 유심히 살펴본다. 보통 여행을 가면 여기저기 다니는 것보다 한 공간에 오래 머무는 시간이 많기 때문에 아무리 오랜 시간이 걸려도 마음에 드는 공간을 고를 때까지 검색을 멈추지 못한다. 여행의 과정이 아무리 흥미로웠어도 여행의 즐거움과 행복을 완성시켜 주는 것은 공간이라고 말할 수 있을 정도이다. 생각해보면 여행 말고도 어떤 일을 하다가 작은 일로 기분이 나빠져서 완성되지 않았다고 느껴지는 경우가 있다.

아이들과 수업을 진행하는데 있어서도 마무리 단계는 참 중요하다. 수업을 진행할 때 크게 도입, 전개, 마무리의 단계로 진행이 된다. 도입에서는 수업 주제에 대해 아이들이 흥미를 가질 수 있는 시간을 가지고 전개에서는 활동이 진행된다. 마무리에서는 활동을 통해 느낀 감정, 생각을 나누는 시간을 갖는다. 마무리 단계에서 아이들은 자신이 활동했던 시간을 회상하고 이야기를 나누는데, "친구가 못 그렸대요.", "너무 어려웠어요." 등 힘들었던 마음을 털어놓기도 한다. 아이들이 활동을 하면서 힘들고 어려웠던 마음을 헤아려주면서 다음에는 어떻게 해야 더 좋을지 이야기를 나누고 방법을 모색하며 활동을 마무리한다. 마무리 시간이 없었다면 아이는 활동을 하는 내내 불편했던 마음을 누구에게도 털어놓지 못한 채 마음에 두었을 것이고, 이런 것들이 점차 쌓이면 수업을 하는 의욕까지 낮아지게 했을 것이다.

이렇듯 교육에 있어서 '마무리'는 참 중요하다. 아이의 학습 능률에 영향을 끼치는 마무리 단계는 유치원, 학교, 학원, 그리고 가정으로까지 적용이 되는 것이라고 확신했던 일이 있었다. 아이들과 다양한 재료와 도구로 미술 작품을 만들며 함께 하고 있는데, 아이들은 60분에서 90분이라는 시간 동안 작은 손으로 열심히 그리고, 오리고, 붙이기를 반복하여 작품을 완성한다. 이렇게 완성된 아이의 작품을 학부모님께서 사진으로 찍어서 보내주신 적이 있었다. 사진에서 보이는 아이의 작품은 집에 잘 어울리는 곳에 배치되어 자리를 잡고 있었고 조금 더 꾸며진 모습이었다. 아이의 작품을 귀하게 여겨주시는 학부모님의 메시지와 사진을 보고 큰 기쁨을 느꼈다. 그런데 이와 반대의 경우로

아이가 작품을 만들자마자 아이가 듣는 앞에서 바로
정리해달라고 하시는 분도 계셨었다.

똑같은 시간 속에서 비슷하게 작업을 진행하였지
만 아이의 작품을 대하는 부모님의 태도는 확연하게
달랐다. 아이가 만든 작품을 집 안에 전시해두고 놀잇
감으로 사용하기도 하면서 귀하게 여겨주는 엄마 아빠
를 보는 아이는 어떤 마음이 들까? 아마도 '내가 만든
작품으로 놀이도 할 수 있고 너무 재미있다', '다음 시
간에도 잘 만들어서 엄마랑 놀이해야지!' 등 작품을 만
들었던 자신의 능력은 가치 있다는 것을 자연스럽게
느끼게 될 것이다. 반대로 아이의 작품을 바로 정리해
달라는 말을 들었던 아이는, 작품을 만드는 과정과 자
신의 결과물을 소중하게 여기지 않고 자신의 능력을
의심하게 될 것이다. 실제로 두 아이는 수업에 임하는
태도에서도 많은 차이가 나타나는 모습을 발견할 수
있었다.

어른이 보기엔 서툰 아이의 작품이지만 자신의 감
정을 담고 이야기를 담아 완성해낸 아이의 수고를 어

른들이 자주 알아봐준다면 아이는 '나 정말 해낼 수 있는 사람이구나'라는 결론을 스스로 내릴 수 있게 된다. 그런데 자신이 노력한 것을 아무도 알아봐주지 않고 오히려 "이것밖에 못했니?"라는 핀잔을 듣게 된다면 아이는 스스로 자신의 능력을 낮게 평가하게 된다.

EBS에서 방영되었던 교육 대기획 〈학교란 무엇인가〉 프로그램에서 나왔던 장면이 화제가 된 적이 있었다. 학업 능력 상위 0.1%의 아이들과 일반 아이들을 두고 이루어진 연구였는데 두 그룹의 결과는 극명하게 달랐다. 가정의 대화를 관찰하고 16가지의 감정을 초 단위로 관찰하는 미세 정서 분석 실험을 실시하였는데 일반 학부모의 경우 아이와 대화를 할 때 비난 40%, 분노 33% 등 부정적인 감정을 더 많이 드러냈고, 상위 0.1% 자녀의 학부모는 수용, 애정, 관심 등 긍정적인 감정을 더 많이 표현하는 것으로 나타났다. 이러한 결과에 대해, 서울여자대학교 아동학과 남은영 교수는 "긍정적인 대화의 비율이 높게 나타나야 아이들이 상대적으로 느끼는 행복감이 유지될 수 있고, 긍정적인 칭찬이나 격려의 말을 들어야 아이가 자기 스스로 자존감과 자기 확신이 든다."라고 말했다.

아이가 아무리 고가의 교육을 받고 좋은 교육을 받는다고 해도 교사와 부모가 그것을 알아봐주지 않고 인정해주지 않고 격려해주지 않는다면, 아이는 자신이 열심히 해온 과정과 결과물은 무가치하다는 결론을 만난다.

아이들이 작품을 완성하고 나서 각각 다르게 반응하신 학부모님들을 보면서 생각했다. 어떤 분야의 교육이든, 교육에 있어서는 마지막 매듭이 중요하다는 것을 말이다. 그리고 이 매듭이 견고할수록 아이들은 또 다른 매듭을 맺는 것에 주저하지 않고, 시도하고 참여한다는 것을 말이다.

'부모'라는 이름의 책

예전부터 좋아하지 않는 말이 있었다. '부모를 보면 자식을 알 수 있다'라는 말. 부모님에게 존경할 만한 모습보다는 하지 말아야 하는 행동을 많이 보며 자라왔었던 터라, 나로서는 당연한 생각이기도 했다. 나는 분노 조절이 어려웠던 아빠와 분노를 한꺼번에 표출했던 엄마의 모습들을 대물려 받지 않기 위해 마음을 수련하고 자각을 했음에도, 은연중에 나오는 내 모습을 보고 놀랐던 적이 있었다. 아이들과 함께 교실에서 생활할 때 같이 일하던 동료들에게 항상 듣던 말이 있었다. 어떻게 그렇게 조용하고 아이들에게 화를 안 내느냐고 말이다.

동료들의 말처럼 나는 아이들에게 언성을 높이는 일이 거의 없었다. 평소에도 아이들뿐만 아니라 누군가에게 좋지 않은 감정을 내비치는 일이 거의 없었지만, 감정을 몇 번 억누르다가 감정의 단계가 확 치솟는 모습들이 종종 나타나곤 했다. 상대방에게 느끼는 좋지 않은 감정들을 그때그때 표현하기보다는 억누르는 습관이 나중에 감정을 더욱 크게 만들어서 감당하기 힘들 때가 있곤 했다. 이런 내 모습은 과거 엄마의 모습을 떠올리게 했다. 어렸을 때 엄마에게 자주 혼났던 기억은 없지만, 한번 혼날 때는 평소와는 너무 다르게 냉정한 엄마의 표정이 나에게도 그대로 스며들어 있다는 것을 알아차렸다.

감정을 표현하는 방식 외에도 나에게서 부모님의 모습이 비춰지고 느껴질 때는 꽤 많다. 평소에 자주 찾게 되는 반찬들은 어렸을 때 엄마가 해주셨던 음식이고, 사람들에게 선물을 하며 행복을 느끼는 내 모습을 보면 주변 사람들을 정성껏 챙기던 아빠의 모습이 보인다. 책을 읽으며 휴식하는 나를 보면 책을 읽던 엄마의 모습이 비치고, 마음에 드는 옷을 입고 기분 좋아하는 내 모습을 보면 옷을 좋아하는 아빠의 모습이 비친다. 일상 속에서 나의 사소한 습관까지 부모님과 똑같다고 문득문득 느낄 때 부모님이 지닌 많은 것들이 '나'라는 존재에 깊숙하게 자리 잡고 있다는 것을 느꼈다.

이처럼 한 아이에게 부모의 영향력이 얼마나 큰 것인지 몸소 느끼고 눈으로도 직접 보면서 부모라는 역할 그리고 교사라는 역할은 짐작할 수 없을 만큼 큰 책임감을 가진 역할이라 확신한다. 세상을 살아가는 우리 모두는 서로에게 많은 영향력을 주고받으면서 살아가지만, 가까이 있는 대상이 아이들이라면 그 영향력은 몇 배의 파장력을 가지고 있다는 것을 부모와 교사, 아이와 가까이에서 하루를 보내는 많은 어른들은 매일 스스로에게 상기시켜야 한다.

어른들의 사소한 습관들마저 그대로 흡수해버리는 아이들에게 모든 행동이 조심스러워지지만, 이러한 아이들의 특징을 잘 활용하면 양육, 교육으로부터 생기는 고민과 걱정에 대해 조금은 유연하게 대처할 수 있게 된다.

공부를 너무 하지 않는 아이를 눈앞에 그려보고 생각해보자. 아이가 공부를 하지 않고 놀기만 하는 것 같아 부모는 불안해지고 조바심이 난다. 그럴 때 나오는 말은 "공부해야지!"라는 말이다. 이러한 명령조에 감정이 더해지면 짜증이 되고 화가 되기도 한다. 이런 말들이 나오기 전에 아이의 행동이 나타난 진짜 이유가 무엇인지 생각하며 마음을 가라앉혀보자. 아이가 공부를 거부하는 이유가 시험에 대한 압박감이나 좌절했던 경우가 있었는지 떠올리며 마음을 가다듬는 것이다. 이렇게 아이의 행동의 원인을 살펴보고 나부터 일상 속에서 공부하고 연구하는 모습을 보이는 것은 그냥 나만의 노력이라고 생각할지도 모르지만, 아이의 마음에 한 발 다가가보려고 노력하는 것을 가장 가까이에서 보는 사람은 아이들이다. 일상에 가득한 부모의 노력을 곁에서 느끼고 보는 아이들은 아무리 당시에는 공부를 하지 않고 방황할지언정, 열심히 살아가는 부모님의 삶의 태도, 품위, 가치관을 이미 몸과 마음으로 느껴왔기 때문에 그런 모습들을 자신도 모르게 삶의 기준이라 여기며 열심히 살아가게 된다. 정말, 이보다 더 아름답고 자연스러운 교육이 어디 있을까?

사람의 존재를 책에 비유를 하여 생각해보면, 우리는 글이 하나도 쓰여 있지 않은 깨끗한 한 권의 책으로 세상에 태어났다. 능력이라곤 하나도 없는 나를 챙겨주는 부모는 내가 의지해야 할 사람이자 무조건 믿어야 하는 사람이 된다. 그렇게 부모는 아이에게 정답이 되고 가치가 되어 아무것도 쓰여 있지 않은 아이의 책에 부모의 모든 것들을 받아쓰기 시작한다. '이게 맞는 건가⋯⋯?' 하는 순간들도 있지만 가장 신뢰하는 사람이기에 일단 무작정 따라 쓰면서 아이는 '나'라는 책에 한 페이지 한 페이지를 채워 나가게 되는 것이다. 이렇게 부모와 교사는 한 사람의 책에 선명한 기록을 남기는 존재들이다.

아이가 세상에 태어나 백지에 글을 기록하며 자신의 책을 만들어 나갈 때, 부모를 비롯한 많은 어른들의 모습은 어떠한가? 이미 완성한 자신의 책들을 아이에게 보여주기에 바쁘다. 아이에게 '나'라는 책을 보여주고 강요하여 따르게만 하려고 하기보다는, 아이의 곁에서 함께 책을 완성해간다는 마음으로 '부모'라는 이름의 책을 채워 나간다고 생각해보자.

그럼 아이는 부모의 그런 서툰 모습과 진심 어린 모습 하나하나까지도 자신의 책에 그대로 옮겨 적어 세상을 바라보는 눈과 마음을 가질 수 있다.

'나' 말고 '부모'라는 또 다른 제목을 가진 책 한 권을 완성시켜 가는 것. 부모만이 누릴 수 있는 가장 특별하고 근사한 일이 아닐까.

Part 3

일상을 함께하는
아이에게
이렇게 말해줘야겠다

말 한마디가
가져다주는 선물들

오랜 세월을 함께 보내고 있는 친구들과 나는 기억력이 좋지 않아서 서로 나눈 이야기들을 매번 만날 때마다 처음 듣는 것처럼 반응을 하곤 한다. 그 모습이 서로 웃기고 놀라워서 한참을 웃으며 시간을 보낸다. 이렇게 특별한 것이 아니면 기억하지 못하는 나인데, 20년이 지나도록 잊히지 않는 말이 있다. "수정이 참 예쁘다."라는 말이었다. 그때의 기억이 얼마나 또렷한지 그날 내가 입었던 하얀 도트 무늬의 원피스와 유치원 선생님이 짓던 표정과 상황까지도 모두 다 생생하게 기억이 난다. 감사하게도 어렸을 때 마음이 고운 선생님을 만나서 유치원 선생님에 대한 기억은 좋은 기억들이 대부분이다.

선생님이 내게 좋은 기억들을 안겨주신 덕분이었을까? 나 또한 대학을 졸업하고 교사의 길을 걷게 되었다. 교사를 하면서 가장 많이 들었던 소리는 단연 아이들의 목소리였다. 아이들의 다양한 목소리와 그 어디에서도 듣기 어려운 엉뚱 발랄한 대화를 가까이에서 생생하게 듣게 되었다. 하루는 매일 꼭 붙어 다니는 두 남자아이가 블록 놀이를 하다가 말다툼을 한 적이 있었다. 한 아이는 평소에 친구에게 속상한 마음을 잘 표현하지 못하는 내향적인 성향이 강한 아이였고, 다른 아이는 생각을 말로 잘 표현하고 친구들과의 관계를 이끄는 것이 자연스러운 리더십이 강한 아이였다. 이 두 아이는 반대되는 성향으로 인해 놀이 때마다 다툼이 일어나곤 했다. A라는 아이는 B라는 아이와 놀고 싶어 했지만 B친구는 "너랑 노는 건 재미없어!"라고 당차게 선포하였고 그 이야기를 들은 A친구는 그만 눈물을 터뜨리고 말았다.

어른의 눈에는 친구에게 직설적으로 이야기한 B친구가 잘못을 했다는 것으로 생각하게 된다. 그러나 B친구의 입장에서 상황을 바라보면 친구에게 상처를 주기 위해서 말을 한 것이 아닌, 자신의 방식대로 생각을 친구에게 전달했을 뿐이다. 이런 B친구에게 어른이 해주어야 하는 역할은 친구를 울린 것을 혼내는 것이 아니라 다른 사람에게 부드럽게 마음을 전하는 방법을 알려주어야 한다. 감정을 적당한 말로 상대방에게 잘 표현할 수 있도록 도와주는 것은 앞으로 사회구성원으로서 사람들과 어울리며 살아갈 아이에게 꼭 알려주어야 하는 부분이다.

아이가 말하는 것과 그 의도가 다르다는 것을 이젠 대부분의 어른들이 잘 알고 있다. 여러 매체에서 위와 같은 이야기들을 많이 다루기 때문에 어른이 아이에게 쓰는 말이 얼마나 중요한지, 부정적인 말투보다 긍정적인 말투로 이야기하는 것이 중요하다는 사실을 알고 아이에게 긍정적인 말로 표현하기 위해 노력한다. 분명 공부를 하면서 마음 깊이 깨달았던 것인데 며칠이 지나면 똑같은 태도로 아이를 대하게 된다. 왜 이런 현상이 발생하고 반복되는 것일까? 아무리 배워도 내가 아이에게 해왔던 습관을 바꾸는 것은 불가능한 것이라 그런 걸까? 어른에게 있어 아이들은 보호받아야 할 연약한 존재임을 알기 때문에 말을 할 때도 무의식 깊은 곳에 있는 습관들이 나도 모르게 표출될 때가 있다. 예를 들어 함께 있는 어른이 물을 쏟았다고 가정해보자. 순간 내 옷에 물이 튀었는지 걱정도 되지만 상대방에게 "괜찮아요?"라고 묻고 옷을 살펴봐주게 된다. 그러나 아이가 물을 쏟았다면 "조심해야지."라고 아이의 실수에 너그럽지 못한 표정과 말이 먼저 나가고 이것은 습관으로 자리 잡게 된다.

내게 고착된 습관들을 단번에 바꾸는 것은 사실 어려움을 넘어 불가능에 가까운 일이다. 최명기 정신과 전문의는 "나쁜 습관을 바꾼다는 것은 뇌에 이미 형성된 물리적인 네트워크를 바꾼다는 것이다. 매일 반복된 행동을 통해서 뇌의 신경 네트워크를 바꾸어야 하므로 쉽지 않다."라고 말하며 습관을 바꾸는 것은 뇌에 장착된 네트워크에 변화를 주어야 하는 것이기 때문에 어려운 일이라 설명했다. 그래도 희망적인 사실은 뇌

신경 네트워크를 바꾸기 위해 많은 노력을 기울인다면 변화의 가능성은 있다는 것이다. 전문의의 이야기처럼 우리의 뇌에 고착된 네트워크는 많은 노력을 기울이면 변화할 수 있다는 과학적인 근거를 희망으로 삼고서 남은 이야기를 마저 읽어보자.

아이를 비난하지 않는 적당한 말로 타이르고 문제해결을 돕는 습관을 기르기 위해 먼저 선행되어야 하는 것은, 내가 가진 말을 살펴보는 일이다. 평소 내가 어떤 말을 하고 있는지, 내가 가진 언어 습관은 무엇인지, 내가 지금까지 살아오면서 말해온 단어와 문장들은 어떤 것이 있는지, 말 그릇에 담긴 말들을 쏟아놓고 하나씩 살펴보는 시간을 가져야 한다. 이것이 먼저 선행되지 않으면 아무리 내가 바짝 좋은 말을 몇 가지 담아서 한다고 해도 원래 가지고 있던 말 그릇에 담겨 고착된 말들이 더 많기 때문에 하고 싶었던 말을 사용할 수 없게 된다.

말 그릇에 담긴 나의 언어들을 살펴보기 위해서는 일상에서 내가 하는 말을 의식적으로 자각하는 것이 필요하다. 그와 더불어 다른 사람들의 말을 들었을 때 내 기분이 어떠한지 느껴보는 것도 말에 담긴 감정을 기억하는 것에 도움이 된다. 다른 사람들의 말을 가만히 듣다 보면 내가 평소 했던 말을 그대로 하는 경우가 있었는데, 그럴 때 내가 지난날에 무심코 뱉었던 말들이 누군가에겐 부정적인 영향을 줄 수 있겠구나, 하고 깨달을 때가 많았다.

그동안 아이에게 내가 했던 말들을 다시 담을 순 없지만, 앞으로 내가 하는 말들에 조금씩 변화를 주어 아이의 마음에 씨앗을 심어준다면 그 씨앗들은 아이에게 닿았던 모진 말 주변에 자리를 잡고 싹을 틔우고 꽃을 피우게 된다.

그리고 훗날 아이는 어른이 되어 생각할 것이다.

'우리 엄마 아빠는 날 정말 사랑해주셨구나.'

슬기로운
가정 보육

　책에서 반복적으로 언급되고 있는 키워드는 바로
'코로나'이다. 그만큼 코로나19는 직장, 육아, 교육 등
일상에 큰 변화를 일으켰다. 바뀌지 않을 것 같았던 것
들이 한꺼번에 매우 빠른 속도로 변화되었다. 코로나
가 처음 발생되었을 때는 거리와 교실에서 북적거리
는 아이들의 소리가 들리지 않는 현실이 냉혹했고 무
척 낯설었다. 오전 9시쯤부터 아이들을 만나서 하루에
기본 7시간은 많은 아이들과 함께 하루를 보내다가 고
요한 교실에서 혼자 있거나 매우 소수의 아이들과 있
는 것이 믿기지가 않았다. 코로나가 발생된 지 2년이

넘은 지금은 그래도 예전보다 아이들의 목소리를 자주 들을 수 있게 되었고, 유치원과 어린이집, 학교에서 확진자가 발생되면 자연스럽게 가정에서 하루를 보내는 일과도 처음보다 자연스러워졌다.

교사인 나보다도, 코로나로 인해 가장 혼란스러웠던 것은 부모님들일 것이다. 코로나 환자가 발생하면 유치원, 학교, 학원 등 교육기관이 폐쇄되고 단체 격리기간을 가지면서 부모는 아이와 꼼짝없이 가정에서 함께 있어야 하는 경우가 많아졌다. 그렇다 보니 아이가 열이 난다는 연락을 받으면 갑자기 퇴근을 하게 되기도 하고, 아예 직장을 그만두고 아이의 안전을 위해 함께 하는 경우가 많이 생겼다. 아이들이 가정 보육을 하면 더 안정적인 생활을 할 것이라는 생각이 들지만 현실은 그렇지 않다. 어떤 관계든 어느 정도 개인의 간격이 확보되어야 마음을 가다듬으면서 마음의 여유 공간을 다시 마련할 수 있는 시간이 생기는 것인데, 가정에서 오랜 시간 아이와 함께하다 보면 가만히 몸을 멈춰 있는 시간도 부족하여 육체적·정신적으로 많은 에너지가 소모된다.

코로나와 더불어 변이 바이러스 확진자가 줄어들지 않고 많아지고 있는 상황이라, 장시간의 가정 보육은 항시 염두에 두고 있어야 하는 생활의 일부분이 되었다. 아이들과 하루 6시간씩 10년을 함께하면서 나의 육체와 정신을 잘 관리하는 방법을 터득한 몇 가지가 있다. 아이들과 함께하는 교사의 기분은 고스란히 아이들에게 전달되는 것을 알아차리고 하루를 보내는 나의 컨디션을 철저히 관리하였다. 그런데 정말 예전보다는 여유로운 마음으로 아이들을 대하고 내게 주어진 역할을 소화해내는 모습을 발견하였다. 이렇게 내가 터득한 나름의 마음 관리 방법을 소개해보려 한다.

1. 아이들이 잠에서 깨기 전에 나만의 시간을 가지며 하루를 시작하기

아이들을 아침에 맞이하기 전에 출근 시간보다 좀 더 일찍 나와서 혼자만의 시간을 가지며 하루를 시작하는 날과 그렇지 않은 날에는 많은 차이가 있다. 일찍 하루를 시작한 날은 가볍게 차를 마시고 오늘 하루 일과를 어떻게 보낼지 머릿속으로 그려보면서 여유로운 마음으로 하루를 시작할 수 있고, 반대로 허겁지겁 하루를 시작한 날은 피곤하고 예민한 상태가 오후까지 지속되어 정신적 피로감을 느끼게 된다. 가정 보육 시간이 늘어나면서 아이들에게 놀이 활동도 제공해주어야 하고, 밥, 간식, 목욕 등 아이들의 하루 일과를 돌봐주며 에너지를 쏟아야 하기 때문에 오롯이 자신의 시간을 갖기란 쉬운 일이 아니다. 그렇지만 단 몇 분이라도 온전히 나를 위한 시간을 가지면서 하루를 시작하는 내 마음의 여유 공간을 미리 확보해놓아 보자.

2. 아이들과 오늘 하루를 어떻게 보낼지 이야기 나누고 약속하기

아이들과 수업 시작 전에 다 같이 모여서 얼굴을 마주 보고 대화를 나누는 시간을 의식처럼 가진 후에 하루 일과를 시작한다. 오늘의 날짜와 걸어오면서 본 풍경, 지금의 기분 등 아이들과 눈을 마주치며 대화를 하는 시간은 참 별것 아닌 것 같지만 하루의 중심을 잡아주는 중요한 시간이다. 이야기를 나누다 보면 아이들의 건강 상태와 기분을 알 수 있고, 아이들은 친구들과 친밀감을 쌓으며 기분 좋게 하루를 시작할 수 있다. 또한 이 시간에는 어떤 마음으로 함께 어울려야 우리가 더 안전하고 행복할 수 있을지에 대해 아이들과 같이 고민하는 시간을 가진다. 아이들은 그 날의 다짐을 하면서 '하루'라는 시간의 소중함과 공동체 생활에서의 '약속과 배려'를 상기시킬 수 있다. 오전부터 오후까지 집에서 혹은 바깥에서 많은 시간을 함께 보내기 전에, 아이들과 하루를 보내는 마음가짐을 정비해보자. 우리가 함께 바라는 대로 하루를 보내려면 어떤 약속이 필요할지 이야기를 나누는 과정을 통해 아이는 시간의 소중한 가치와 함께 하루 동안 가족 안에서 자신의 역할을 잘 해내고 싶은 마음도 들게 될 것이다.

3. 에너지 충전 음식, 음료를 수시로 섭취하기

아이들과 함께하면서 나에게 달라진 습관 중에 하나는 커피를 매일같이 먹게 되었다는 것이다. 커피의 쓴맛에 질색하며 시럽이 가득한 라테와 과일주스만 고집하던 내가, 이젠 쓴 커피를 먹지 않으면 두통이 생기는 지경에 이르렀다. 아이들과 함께하다 보면 어느 순간 컴퓨터의 전원이 꺼지듯 힘이 쭉 빠지고 기력이 소진되는 때가 찾아오게 된다. 나의 에너지 전원 버튼이 꺼지는 시점을 미리 잘 파악해두어서 미리 초콜릿, 사탕 같은 당이 높은 간식을 섭취해주거나, 텀블러에 커피를 담아두고 손에 잘 닿을 수 있는 가까운 곳에 비치하여 에너지를 보충해두자. 중간중간 내 컨디션을 점검하면서 잘 살펴야 남은 하루도 기운을 내어 좋은 기분으로 하루를 보내는 데 큰 도움이 된다.

4. 동적인 활동과 정적인 활동을 번갈아가며 하기

유치원, 어린이집에서는 아이들의 대근육 발달을 위해 신체 활동 시간을 한 시간 이상 필수로 제공해주고 있다. 이러한 수업 방식을 가정에서도 적용하여 하루를 보내면 아이와 부모의 에너지 균형을 맞추는 데 도움이 된다. 아이들의 넘치는 기운을 발산시켜 주는 신체 활동과 마음을 정돈하며 할 수 있는 정적인 활동을 적절하게 분배하여 하루 일과를 지내보자. 신체를 활용한 시간만 많이 보내게 되면 흥분된 마음이 과해져서 안전사고가 발생하기도 한다. 동적인 활동을 하고 난 뒤에는, 정적인 활동을 하며 마음을 가라앉히고 집중할 수 있는 시간을 제공해주도록 하자. 예를 들어 신나게 춤을 추는 신체 활동을 한 다음에는 앉아서 동화를 보거나 듣는 시간을 가져보고, 글자를 쓰는 시간을 가졌다면 글자를 활용한 게임을 해보는 방식으로 아이들의 에너지가 순환될 수 있도록 돕는다면 아이는 활동에 몰입할 수 있는 능력도 길러지게 된다.

'피할 수 없으면 즐겨라!'

내가 어렸을 때 광고 카피 문구로 나왔던 말이 서른이 넘어서도 여전히 중요한 순간에 유용하게 쓰이고 있다. 어차피 피할 수 없는 시간이라면 어떻게든 내게 도움이 되도록 만들어서 아이와 함께 기분 좋은 하루를 보낼 수 있도록 해보자.

여러 번의 짜증보다
솔직한 '화'가 낫다

　어른들에게 좋아하는 계절이 무엇이냐고 물으면 적당한 날씨의 봄과 가을을 가장 많이 이야기한다. 반대로 같은 내용을 아이들에게 질문해보았을 때 가장 많이 들었던 대답은 여름과 겨울이었다. 여름은 물놀이를 할 수 있어서 좋고, 겨울은 눈싸움을 할 수 있어서 좋다고 많은 아이들이 같은 이유를 대답해주었다. 계절과 관련된 질문에 이어서 아이들에게 '눈' 하면 떠오르는 기억에 대해 질문하면 얼굴에 미소를 한가득 머금고 저마다의 추억을 하나씩 풀어놓기 시작한다. 그렇게 아이들의 추억을 듣다가, 내가 어렸을 때 경험했던 시골의 눈 풍경을 이야기해주면 아이들은 깜짝 놀라곤 했다. "어렸을 때 선생님이 살던 곳에는 종아리를 훌쩍 지날 만큼 눈이 쌓여서 학교도 가지 못했어!"라는 이야기를 듣는 순간 아이들은 믿을 수 없다는 듯 놀라운 표정을 지었다.

어렸을 때 내가 사는 동네에는 겨울에 눈이 조금이라도 내리기 시작하면 도로에서 사이렌 소리가 울리며 분주해졌다. 눈을 바로바로 처리하지 않으면 눈이 금방 쌓이고 딱딱해져서 자동차가 다닐 수 없고 사람들도 정상적인 일상을 이어가는 데 어려움이 생기기 때문에, 동네 사람들은 눈이 내리면 너 나 할 것 없이 집 앞 눈을 치우고, 제설차는 질퍽해진 눈을 치우며 고요했던 동네는 한바탕 떠들썩해진다. 눈이 많이 내렸을 때 고향에 있는 가족과 친구에게 안부를 전한다. 디저트 카페를 운영하는 친구가 눈이 내렸음에도 불구하고 지역에서 눈을 며칠 동안 치우지 않아 지역에 있는 모든 자영업자들이 장사를 하지 못했다는 소식을 전하며 울분을 토했었다. 그 후 몇 주 뒤에 고향에 내려갔더니, 정말 내 키만큼 쌓여 있는 눈이 꽝꽝 얼어 있는 모습을 곳곳에서 발견했다.

거대하게 쌓인 얼음들을 직접 보니 친구가 장사를 접어서 화났던 마음이 충분히 이해가 갔으며, 녹지 못하고 높이 치솟은 얼음들이 마치 친구가 당시 화났던 마음과 겹쳐 보였다. '눈이 내리기 시작했을 때 여느 때처럼 제설작업이 제대로 시행되었다면 이렇게까지 눈이 쌓이지 않았을 것이고 친구도 화가 쌓여 울분을 터뜨리는 일도 없었을 텐데……'라는 생각을 마음으로 중얼거려보았다. 그렇게 생각하다 보니 인간이 느끼는 감정 또한 눈의 성질과 매우 비슷하다는 것을 알았다.

감정이 한꺼번에 휘몰아쳐서 마음에 안착하게 되었을 때 제대로 해소하지 못하면 그대로 쌓여 더 큰 화를 불러일으키게 된다. 눈은 쌓이고 얼음이 되면 외부에서 그것을 제거해주는 도움의 손길로 복구가 가능하지만, 우리의 감정을 복구하는 작업의 주인은 오롯이 '나'뿐이다. 정신질환 약을 복용하고 상담을 통해 외부적인 치료를 병행한다 해도 감정을 일으키고 잠재우는 결정적인 주도권은 나에게 있다. 내가 어떤 결심을 하지 않으면 감정은 꿈쩍하지 않는다. 그렇기 때문에 좋지 않은 감정들이 쌓이다 폭발하는 일이 없도록 미리미리 화를 잘 제어하고 정리하는 연습이 필요하다.

아이들과 함께하다 보면 화가 나는 순간이 빈번하게 찾아온다. 그래서 오랜 시간을 아이와 함께 지내는 많은 어른들에게는 화를 잘 다루는 연습이 꼭 생활화되어야 한다. 한 기업에서 조사한 결과에 따르면, 스스로 나쁜 엄마라고 생각한 적이 있냐는 물음에 10명 중 8명이 그렇다고 대답을 하였다고 한다. 자신을 나쁜 엄마라고 생각한 이유로는 '아이에게 짜증이나 화를 내게 될 때'가 1위를 차지하였다. 이렇게 화가 났을 때 아이에게 그대로 그 감정을 소리를 지르거나 비난하는 등의 표현으로 전하게 되면, 잠깐은 속이 시원하다고 느낄지 몰라도 시간이 점점 흐를수록 아이에게 미안해지고 부모는 자신의 행동을 곱씹으며 자책하고 후회한다. 아이와 있을 때 어떤 방법을 동원해야 빠르게 화를 식힐 수 있을지, 크게 세 가지 방법으로 나누어 정리해보았다.

먼저, 화나는 순간 잠시 침묵한 후 아이에게 내 마음을 설명해주는 것으로 시작해보자. 화가 나는 순간은 예고 없이 찾아오기 때문에 그 순간 화가 가득 담긴 감정을 그대로 내뱉지 않고 잠시 침묵하는 것이 효과적이다. 그러고 나서 감정이 어느 정도 가라앉은 후에 아이에게 화가 난 상황과 그 상황을 통해 느낀 감정을 언어로 전달해주는 것이다. "○○야, 기분이 안 좋았니? 기분이 좋지 않을 순 있지만, 네가 엄마한테 소리를 지르고 물건을 던져서 엄마도 깜짝 놀랐어. 그리고 속상하단다." 이렇게 아이를 비난하지 않고 상황과 감정에 대해 아이에게 설명을 해주면 첫 순간에 느낀 '화'는 조금씩 가라앉게 된다. 아이가 격한 반응을 보인다고 해도 평정심을 잃지 말고 대화로 이어나가는 것이 좋다.

그 다음으로, 아이의 작은 손과 발, 얼굴, 키를 천천히 살펴보는 것이다. 화가 나면 그 사람의 미운 모습이 평소보다 더 확장되어 보이기 마련이다. 그래서 작았던 '화'는 점점 걷잡을 수 없는 화로 변화한다. 아이에게 화가 나서 소리를 지르고 있다면 얼른 시선을 옮겨 아이의 작은 몸과 손, 발, 코, 눈, 입을 바라보자. 그럼 내 시야에는 아직 세상을 경험한 지 고작 몇 년밖에 되지 않은 여린 아이가 보일 것이다. 그렇게 작은 존재라고 인식하는 순간 아이의 태도를 수용하는 마음이 넓어지게 되고 큰 화는 점점 작아지게 됨을 느낄 것이다.

마지막으로, 아무리 화가 나도 폭력적인 언어를 빼고 이야기하는 것을 자신과 약속해놓는 것이다. 이 방법은 아이와 대화를 나누는 내내 실행하여야 한다. 화가 났을 때 화를 돋우는 것은 내가 뱉은 감정적인 말들이다. 특히 상대를 비난하는 말이나 폭력적인 단어를 사용하면 나의 화는 더 크게 확대되어 감정이 격해지곤 한다. 화가 났을 때, 아이를 비난하는 말이나 격한 표현의 말들은 되도록 쓰지 않아야 한다. 아이가 학습을 하지 않고 집중하지 못하고 있을 때 폭력적인 언어를 빼고 비폭력적으로 말하는 상황에서도 "너는 잘하는 게 뭐야. 똑바로 앉아서 해."라는 명령조가 아닌, "○○야, 힘들어? 그래도 그렇게 앉으면 너 허리가 아파지니까 바르게 앉아서 해보자."라고 힘을 빼고 말을 천천히 해도 화는 점차 가라앉게 된다.

위에 소개한 세 가지 방법을 활용하여 화를 다스리는 연습을 지속적으로 한다고 하여 화나는 일이 아예 발생하지 않는 기적은 일어나지 않는다. 그렇지만, 화에 휘둘려서 일을 그르치거나 상처를 주거나 받는 순간은 예전보다 줄어들 것이 분명하다.

이 글을 참고삼아 당신만의 방법을 고안해내어, 마침내 당신에게 화를 내고 자책하는 순간보다, 화가 났을 때 길가에 쌓인 눈을 천천히 정리하는 마음으로 화를 천천히 녹이는 순간들이 더 많아졌으면 좋겠다.

진짜 존중 vs 가짜 존중

어린이집, 유치원, 학교는 저마다 다른 교훈과 교육에 대한 가치를 가지고 있다. 사립인 경우 여러 다양한 교육 프로그램을 진행한다. 그러나 교육기관에서 아이들에게 직접적으로 큰 영향을 끼치는 것은 아이들과 함께하는 교사이다. 현장에서 아이들과 부대끼며 하루 일과를 보내는 교사들만이 느끼는 한 가지가 있다. 같은 교육기관이라 해도, 교사에 따라 교실 분위기는 확연하게 달라진다는 것이다. 기관에서는 아이들의 전체적인 성향, 학습 태도, 기본 생활 습관을 보면 아이들과 함께하는 선생님의 성향과 분위기가 느껴지곤 한다. 인사를 중요시 생각하는 교사와 함께하는 아이들은 언제 어디서나 인사를 하고, 규칙을 중요시하는 교사들과 함께하는 아이들은 질서와 예의에 대한 규칙을 지키려고 노력하는 모습을 보인다. 이는 많은 교사들이 공감하는 사실이다.

함께 일하던 동료 교사가 나에게 이렇게 이야기한 적이 있다. "우리 반 애들은 말을 너무 안 들어. 시끄럽고 소리 지르고." 실제로 그 반에서는 항상 큰 소리가 나고 싸우는 소리가 많이 들렸다. 그런데 아이들의 소리가 30% 정도의 지분을 차지했다면, 교사의 큰 소리가 70% 이상을 차지하고 있었다. 아이들이 친구와 다툼을 일으키거나 문제 행동이 생겼을 때 동료 교사가 했던 대처 방식은 크게 소리를 지르며 말하는 것이었다. 교사는 줄곧 아이들에게 "야!"라고 큰 소리를 지르는 것으로 아이의 행동을 제한하였다. 평상시 교사가 아이에게 소리를 지르며 감정을 전달하는 것을 가장 많이 봐온 것은 그 교실에서 함께하는 아이들이었다. 그렇기 때문에 아이들은 당연하게도 자신이 화가 나는 상황에서 교사의 방법을 그대로 재연한 것이다.

아이들과 함께하면서 가장 섬뜩해지는 순간은 바로 이럴 때다. 교사가 하는 말과 행동을 그대로 따라하는 모습을 보았을 때 교사로서 큰 부담감과 책임감을 느낀다. 왜 이토록 아이들은 교사에게 많은 영향을 받는 것일까. 이것은 교사뿐만 아니라, 아이들과 가장 많은 시간을 보내는 부모에게도 해당되는 이야기이다. 아이들은 이제 막 자신의 존재를 인식하고 세상을 알아가고 있는 시기여서 자신만의 기준이라는 것이 성립되어 있지 않다. 그런 아이들에게 세상의 기준이 되어주는 것이 바로 아이와 오랜 시간 함께하는 어른들이다. 감정을 표현하는 방식, 공공장소에서의 예의 등 어른들의 모든 태도는 아이에게 기준을 비춰주는 거울역할을 한다.

아이들이 소리를 지르며 시끄럽다고 이야기했던 교사는, 아마 이러한 사실을 인지하지 못했을 확률이 꽤 높을 것이다. 반대로 어른의 영향력이 아이에게 크게 전달되는 것을 알고 있는 어른들은, 자신이 아이에게 하는 말과 행동이 그대로 영향을 끼친다는 것을 알고 아이에게 화를 내거나 훈육을 하는 순간을 어려워하고 죄책감에 빠지곤 한다. 그래서 아이의 어떤 의견이든 대부분 수용해주고 아이의 감정에 거슬리지 않도록 본인이 주의를 기울이는 방법을 사용하기도 한다. 그러나 아이의 요구를 무조건 다 들어주다 보면 아이는 옳고 그름의 기준을 잘못 세우고 자신이 하는 모든 행동이 괜찮은 것이라 착각하여 이기적인 아이가 될 수 있다.

그럼 도대체 어떻게 해야 잘 존중할 수 있다는 말인가. 부모의 작고 큰 행동이 아이에게 영향을 주니까 조심도 해야 하고, 그렇다고 너무 아이의 의견을 들어줘서도 안 된다고 하고……. 아무리 육아 관련 여러 서적을 찾아보고 육아 전문가들의 프로그램을 보며 공부를 해도 현실에서는 어려운 것이 육아가 아닐까 싶다. 오히려 딱 한 사람이 "이렇게 하시면 됩니다! 이렇게만 하세요!"라고 정해주면 그대로 따르는 것이 쉬울 수도 있을 텐데 말이다. 너무 어렵게 느껴지고 답답하고 짜증나고 잘 되지 않아 애가 타지만 그럼에도 다시 마음을 다잡고 여러 방법들을 익히며 적용해보는 이유는 딱 한 가지이다. '아이가 자신의 삶을 행복하게 잘 살아갔으면 하는 마음'이 우리 마음속에 크게 자리 잡고 있기 때문이다. 그러니 다시 마음을 가다듬고, 아이를 위한 존중은 무엇인지 생각하는 시간을 가져보자.

어른들이 생각하는 '존중'이라는 의미를 다시 점검해볼 필요가 있다. 어른들 사이에서 상대방을 존중한다는 것은 그 사람의 의견을 받아들이는 긍정적인 태도에 초점이 맞추어져 있다. 이러한 존중에 대한 초점을 그대로 아이에게 적용하여 생각하면 아이의 의견을 거스르지 않고 수용하는 것이 아이를 존중하는 것이라고 생각하게 된다. 어른은 이미 존중이라는 의미를 이해하고 상대방에게도 최대한 예의를 갖추며 존중하는 것이 자연스럽지만, 아이들은 '존중'의 의미를 알지 못하기 때문에 어떤 언행이 상대방을 존중하는 것인지 기준이 잡혀 있지 않다. 그런 아이들에게 모든 행동을 허용해주는 것은 존중의 잘못된 기준을 알려주는 것과 같다.

종종 사람들이 많은 카페, 식당, 공공장소에서 뛰어다니며 소리를 지르는 아이들은 단순히 버릇이 없는 것이 아니라 자신이 하는 행동이 잘못되었다는 것을 알지 못하는 것이며, 평소 자신의 모든 행동을 허용받은 경험으로 잘못된 존중의 기준이 성립된 상태인 것이다. 어른들은 아이가 존중의 기준을 하나씩 세워갈 수 있도록 도와야 하는 것이지, 모든 의견을 수용해주는 것이 존중이 아니라는 것을 꼭 알아야 한다. 때로는 아이의 이기적이고 잘못된 행동에 한계를 주고 단호하게 이야기를 해주어야 아이도 존중의 참의미를 알 수 있고 상대방에게 존중을 베풀며, 존중을 받는 사람이 될 수 있다.

이 내용을 바탕으로 아이를 위한 존중의 의미를 정리해보면, 아이를 존중한다는 것은 공공장소에서 소란스럽게 하는 아이를 그대로 방치해두는 것이 아니고 아이가 어질러놓은 자리를 부모가 매번 대신해서 치워주는 것도 아니며, 아이의 폭력적인 말과 행동을 긍정적으로 수용해주고 넘어가주는 것도 아니다. 아이를 존중한다는 것은 아이가 자신이 해야 할 일에 책임감을 가지고 수습할 기회를 주는 것이고, 남에게 피해를 주는 행동에 대해선 명확한 한계를 알려주는 것이 진정한 존중이다.

아이가 자신이 한 행동의 옳고 그름을 올바르게 분별하고 책임감을 가지는 사람으로 성장하여 남을 잘 존중해주어야 존중을 넘어 존경을 받는 사람으로 성장할 수 있음을 기억하자.

거짓말하는 아이,
이대로 괜찮을까?

　과거엔 여러 분야 전문가들의 이야기를 직접 방문하여 듣거나 TV 프로그램을 통해 이야기를 들을 수 있었다면, 이젠 장소와 시간에 상관없이 스마트폰과 태블릿 기기만 있으면 여러 전문가의 이야기와 정보를 쉽고 편리하게 접할 수가 있다. 개인적으로 이러한 변화가 인간에게 긍정적인 영향을 끼친 부분이 많다고 생각한다. 사람들이 예전보다 정신 건강에 대해 거부감 없이 접할 수 있게 되었으니 말이다. 과거엔 정신 건강이라고 하면 병원에 가서 상담을 받고 약물 치료를 해야 하는 무거운 병이라 생각하고 회피하는 사람들이 많았지만, 이젠 누군가에게 털어놓기 어려운 심리적인 고민들을 검색 한 번이면 전문가의 이야기와 조언을 들을 수 있어서 편안한 경로로 자신의 마음을 살펴볼 수 있게 된 것은 좋은 변화라고 생각한다.

이와 반대로 염려되는 부분도 물론 있다. 많은 사람들이 심리적인 부분에 대해 많이 알아가면서 자기 자신을 돌아보고 주변 사람을 살펴보기도 하는데, 부모의 입장에서 '가스라이팅', '소시오패스', '나르시시즘' 등 자극적인 심리 용어를 들을 때면 '혹여나 내 아이가 그런 사람이 되면 어쩌지?' 하고 걱정을 하거나 섣부른 판단을 내리게 되는 부분이다. 특히 아이가 나쁜 행동을 한다고 여길 때 문득 영상에서 보고 배웠던 자극적인 심리 용어들이 생각나고, 아이가 유치원이나 학교에서 물건을 함부로 가져온다든지, 자신이 한 일을 하지 않았다고 거짓말을 할 때 아이가 훗날 나쁜 마음을 가진 사람이 될까 걱정부터 앞서게 된다.

보통 아이들은 유아기 때부터 거짓말이 가능해진다. 눈에 보이는 거짓말을 하는 아이를 보면 어린아이가 벌써부터 남을 속인다는 생각에 아이들의 뻔한 거짓말에도 크게 놀란다. 아이들은 영악하기 때문에 거짓말을 하는 것일까? 심리학자 로버트 펠드먼 교수는 일상적인 대화에 쓰이는 거짓말 중 98%가 악의 없는 거짓말이고, 나머지 2%는 자신의 이익을 얻기 위한 악랄한 거짓말이라는 연구 결과를 발표한 바 있다. 연구 결과는 잘 알겠지만 그래도 2%에 속하는 아이가 될까 봐 걱정되는 것이 부모와 교사의 마음이다. 아이가 악랄한 거짓말을 일삼는 사람으로 자라지 않도록 하기 위해서 어른들은 거짓말하는 아이를 어떻게 대해야 할까?

섣부른 대처를 하기 전에 먼저 거짓말을 하는 사람의 마음부터 헤아려보자. 아이들과 마찬가지로 어른들도 자신이 겪고 있는 상황이 좋지 않은 일일수록 두려운 감정을 느낀다. 그리고 내가 상대방에게 사실대로 말했을 때 좋지 않은 반응을 불러일으킬 것을 먼저 예상하고, 사실을 말하면 내가 한 행동을 인정받지 못하게 된다고 생각한다. 내가 한 행동을 부정당하는 것은 나의 능력과 더불어 '나'라는 존재를 인정받지 못하게 된다고 생각이 드는데, 이때 방어기제로써 거짓말을 사용하면 나의 가치를 인정받을 수 있으니 거짓말을 하여 자신을 보호하게 되는 것이다.

거짓말의 결과에만 집중하면 거짓말을 하는 사람은 거짓을 이야기하는 사람이 되지만, 거짓말을 하는 사람의 깊은 속내를 들여다보면 인정받고 싶은 욕구가 강하게 있는 상태라고 생각해볼 수 있다. 우리 아이가 혹은 우리 반 아이가 거짓말을 하면 부모와 교사는 아이가 앞으로 거짓말을 악용할까 봐 걱정이 된다. 아이의 거짓말을 알아챔과 동시에 '아이가 좋지 않은 방향으로 성장하면 어떡하지?'라는 걱정이 급속도로 퍼진다. 그래서 어른들은 이런 걱정되는 마음을 아이에게 강한 훈육으로 표출한다. 아이가 거짓말한 사실을 알고서도 떠보는 식으로 물어보거나, "누가 거짓말을 하래!", "거짓말은 나쁜 거야!" 하며 아주 강한 어투로 아이에게 다그치는 경우가 대부분이다.

앞으로는 절대 그러지 않기로 약속을 하고 그 상황은 빠르게 지나치게 되지만, 나중에 비슷한 일이 또 벌어지거나 전혀 숨길 일이 아닌데도 아이는 거짓말로 자신을 방어한다. 솔직하게 이야기하면 지난번처럼 선생님과 엄마 아빠에게 혼날 거라는 것을 알기 때문에 지레 겁을 먹게 되는 것이다. 이미 경험해보았기 때문에 아이는 더욱더 솔직해지지 못한다.

거짓말이 거짓말을 낳는, 이 악순환을 멈출 수 있는 방법은 앞서 이야기했듯이 인간이 거짓말하게 되는 심리에 대한 너그러운 마음이 필요하다. 거짓말을 한다는 것 자체만으로 아이를 혼내고 다그치는 것만이 아닌, 거짓말을 선택하게 된 아이의 깊은 속내를 바라보는 것을 먼저 마음을 잘 가다듬으며 선행하여야 한다. 그 후에 아이에게 조심스럽게 대화를 청해보는 것이다. 아주 사소한 거짓말을 하는 아이부터, 친구의 물건을 몰래 가져가는 아이들의 거짓말까지 아이들이 다양한 거짓말을 할 때마다 이러한 방법으로 대처를 해왔다.

구체적인 예시는 다음과 같다.

화장실 변기에 물티슈 통을 통째로 넣는 아이가 누구인지 오랜 시간 모르고 있다가, 알게 되어 아이와 대화하고 있다.

1. 아이가 무안하지 않도록 조용한 공간을 확보한다.

"영희야, 선생님이 할 말이 있어. 잠깐만 이쪽으로 와서 이야기하자."

2. 상황에 대해 솔직하게 이야기할 수 있는 기회를 먼저 제공한다.

"영희야, 선생님이 오늘 네가 화장실 변기에 물티슈 통을 넣는 거 봤는데, 맞니?"

3. (아이가 거짓말을 할 경우, 침묵할 경우) 안심시키며 이야기해준다.

"영희야, 괜찮아. 너를 혼내는 게 아니라, 궁금해서 그래~! 물티슈 통 넣는 게 재미있었던 거야?"

4. 아이가 했던 행동이 잘못되었음을 이야기해준다.

"그래. 그게 재밌었을 수도 있지만, 그동안 네가 변기에 물티슈를 넣어서 많은 친구들이 화장실을 사용하지 못하고 선생님들은 계속 물티슈를 치워야 했어. 그래서 많은 사람들이 불편을 겪었어. 우리 모두가 사용하는 공간에서는 절대 해서는 안 되는 행동이야."

5. 다음엔 솔직하게 용기 내어 말할 수 있도록 격려의 말을 전한다.

"누구든 실수를 할 수 있어. 하지만, 솔직하게 이야기해주지 않으면 영희 마음은 더 불편해지고, 선생님은 영희 마음을 제대로 알 수가 없어서 도와주지를 못해. 그러니까 다음에는 용기 내서 말해보자!"

6. 시간이 흐르고 비슷한 일이 생겼지만 거짓말하지 않고 솔직하게 이야기한 부분을 발견하고 격려해준다.

"영희야, 말하기 어려웠을 텐데 솔직하게 이야기해줘서 고마워."

'이렇게까지 대화를 신경 써야 한다고? 애들이 뭘 알겠어……' 하고 생각이 들 수 있지만, 거짓말을 한 아이를 향해 인격을 비난하는 말로 야단을 치는 어른의 과한 훈육은 아이에게 잠시 그 순간만 잘하는 척을 만들어낼 뿐 스스로 마음을 다스리는 힘은 키우지 못하게 한다. 그래서 어떤 문제 행동이든 상황이 발생하고 그 자리에서 바로 행동이 나아질 거라는 기대는 아예 내려놓는 것이 좋다. 같은 대화를 나누고 알려주는 시간이 몇 번은 반복되어야 아이들은 완전히 행동이 나아지게 된다는 것을 미리 이해해놓자. 그럼, 아이의 행동을 보고 걱정이 되는 마음, 행동이 금방 나아지지 않아서 답답한 마음을 달래며 긴 시간 동안 힘 빼지 않고 나아갈 수 있다.

아이와 대화를 나누고 나서 작게라도 노력해주는 것을 발견했다면 그것은 긴 과정 끝에 다다른 신호라고 보면 된다. 이때, 아이의 노력을 고맙게 생각해주고 많은 격려를 해주면 아이는 거짓말이든 어떤 행동이든 예전보다 더 나은 수정된 행동을 자신의 것으로 삼고 살아갈 것이다.

과정이 고되고 힘들지라도 아이가 마침내 건강하고 예쁜 매듭을 잘 짓고 살아갈 수 있도록 인내하고 안내해주는 어른들이 금방 지치지 않기를 바라는 마음이다.

첫째가 처음인
아이를 대하는 자세

몇 년 전만 해도 젊은 세대에 속했지만 이젠 어딜 가나 동생들이 많은 것을 보면서 제법 무거워진 나이를 실감한다. 나는 결코 세대 차이를 느끼는 일이 없을 거라 확신했던 때가 있었다. 그런 나의 근거 없는 자신감에서 비롯된 확신을 비웃듯이 세대 차이를 느끼게 하는 순간들이 잦아졌다. 다양한 신조어가 쏟아지는 요즘, 이제는 아는 신조어들보다 모르는 신조어들이 수두룩해졌고 나보다 어린 동생들과 이야기를 하다가 처음 듣는 단어에 "응……?" 하고 되물을 때가 많아졌다.

홍수처럼 쏟아지는 많은 신조어 중에서도 큰 공감을 불러일으켰던 신조어가 하나 있다. 'K-장녀'라는 신조어이다. K-pop의 열풍으로 단어 앞에 한국을 상징하는 Korea의 K를 붙여서 다양하게 활용할 수 있는 신조어가 계속해서 만들어지고 있다. K-장녀의 뜻은 한국에서 태어나고 자란 장녀들은 냉정하고 독립적인 특징을 가졌다고 하여 그 의미를 지칭하는 말이다. 이 신조어에 특히 공감되었던 부분은 나 또한 여동생을 둔 장녀로서 내가 가족 내에서 맡은 역할과 K-장녀의 특징이 일치하는 것들이 많아서였다. 첫째 딸인 내가 부모님께 많이 들었던 말은 "언니가 모범이 되어야지~."라는 말이었다. 어렸을 때는 정말 내가 그렇게 하지 않으면 내 역할을 제대로 수행하지 못하는 것이라고 여겼는데, 이제와 생각해보니 나도 작고 어린 아이였을 뿐인데 일찍 태어났다는 이유로 맏이 역할을 하느라 참 부담스러웠겠구나, 하고 어린 나에 대한 측은지심이 생겨났다.

나를 이해하고 나니 나와 함께하는 아이들의 마음도 이해할 수 있었다. 동생이 생긴 아이들은 동생이 태어나기도 전에 평소와 다른 모습을 보이는 경우가 많았다. 평소보다 부쩍 예민해져서 작은 일에도 잘 울거나, 집에 가고 싶다는 등 공통된 모습을 보였다. 아이의 입장에서는 갑작스럽게 바뀐 가족의 변화가 낯설기도 하고 자신이 아닌 또 다른 존재가 나타나 자신의 자리를 위협하는 것은 아닌지 복잡한 감정이 드는 것이다.

학부모님들과 상담을 하다 보면 여러 가지 고민들을 하나씩 듣게 되는데, 두 명 이상의 자녀를 둔 부모님들의 공통적인 고민은 자녀 관계에 대한 문제였다. 이제 막 둘째를 가지신 어머님이 눈물을 흘리시며 내게 이렇게 말씀하신 적이 있다. "지금 아이한테 못 해주는 것 같아 너무 미안해요." 한 가정에 새로운 가족 구성원이 생기고 가족의 체제가 변화한다는 것은, 가족 모두에게 엄청난 변화이다. 어린 첫째에게 동생이 생기는 것은, 많은 심리적 변화와 스트레스를 가져다준다. 첫째 아이 입장에선 동생이 부모님의 사랑을 빼앗을 수 있을 것 같아서 위기라고 느껴질 수도 있고, 동생을 자신이 돌봐주어야 하는 부분이 생겨 부담을 느끼게 된다.

'동생이 생긴 첫째 아이의 충격은 남편이 바람을 피운 것을 알게 된 아내의 심정과 같다.'라는 이야기를 한 번쯤 들어봤을 것이다. 이처럼 동생이 생긴 첫째 아이의 심리적 변화에 대해서는 이젠 많은 부모들이 잘 알고 있는 부분이다. 그래서 오히려 너무 잘 알기 때문에, 첫째 아이의 마음을 너무 과하게 살피게 되고 둘째를 예뻐하는 표현도 눈치를 보게 되어 못하는 경우도 생긴다. 이런 상황이 이어지면 첫째 위주로 움직이는 부모를 보면서 동생의 입장에서는 자신이 사랑받지 않고 있다고 느낄 수도 있어서 또 다른 문제가 발생될 수 있다. 뭐든 한쪽으로 치우치거나 과해지면 꼬리에 꼬리를 물어 다양한 곳에서 문제가 생긴다.

이러한 문제가 발생되기 전에 부모가 되도록 빨리 받아들여야 하는 사실은, 첫째 아이가 첫째라는 사실은 아이의 인생에서 이미 어쩔 수 없는 운명이라는 것이다. 심리학자 알프레드 아들러는 출생된 순서에 따라 성격이 달라진다고 주장하였다. 애석하게도 출생된 순서에 따라 아이가 받는 영향은, 아이가 싫든 좋든 어쩔 수 없이 받아들여야 하는 현실이자 자기 인생의 몫이다. 부모들이 첫째 아이에게 괜히 미안해지고 안쓰러운 마음이 들어도 첫째가 첫째라는 것은 바꿀 수 없다. 바꿀 수 없는 부분은 얼른 받아들여야 부모와 교사는 아이에게 도움이 되는 부분을 얼른 모색하고 연구할 수 있다.

손석한 소아청소년 정신건강의학과 전문의는 바람직한 첫째의 역할을 찾는 세 가지의 솔루션을 아래와 같이 제안하였다.

첫 번째, 첫째도 아이임을 잊지 않기.
두 번째, 동생 돌보기에 참여시킬 것.
세 번째, 부모 역할을 대신하게 하지 말 것.

전문의의 솔루션을 풀이해보면, 첫째에게 역할에 대한 부담감보다는 부모의 자녀로서 사랑하는 마음과 확신을 아이에게 심어주어야 하고, 첫째에게 작은 심부름을 부탁하여 언니와 형으로서의 자부심을 느낄 수 있도록 돕고, 동생의 훈육은 엄마와 아빠가 해야 할 일이라는 것을 첫째 아이가 분명히 알 수 있도록 한계를 설정해주는 것이 좋다는 것으로 정리할 수 있겠다.

나는 그동안 현장에서 만났던 첫째인 아이들이 부담을 느끼고 힘들어할 때, 첫째의 부담감을 아이의 인생에 도움이 되는 '책임감'과 '리더십'의 긍정적인 능력으로 전환시켜 주는 방법을 활용하여 도움을 주었다. 책임감과 리더십이 높은 첫째 아이들은 교육기관에서 하루를 보낼 때도 그 능력이 돋보인다. 남에게 도움이 필요한 상황이 생기면 가장 먼저 나서서 도움을 주거나 여러 친구들과 지내면서 의견을 조율하는 것에도 능숙한 모습을 보인다. 아이들의 이러한 능력들을 더 높여주기 위해 가장 강력한 힘을 주는 것은, 앞선 주제에서 계속해서 이야기했듯이 어른이 건네는 작은 말들에 그 힘이 숨어 있다. 아이들이 집에서 있었던 일들을 하소연할 때가 있다. "선생님, 동생이 너무 말을 안 들어요.", "집에 가면 동생을 돌봐줘야 해서 힘들어요.", "형이 괴롭혀요." 이렇게 하소연을 하면, 나는 그 모습마저 너무 대견하고 기특해서 이야기를 해준다.

"진짜 힘들었겠다⋯⋯! 선생님도 동생이 있는데 맨

날 돌봐줘야 해서 힘들었거든. 근데 선생님은 너처럼 그렇게 열심히 돌봐주지 못했을 거야.", "형이 맨날 괴롭혀? 그런데도 지난번에 형 주려고 편지를 썼던 거야? 형은 이런 동생이 있어서 참 좋겠다." 이렇게 아이들의 눈높이에서 고민을 들어주고 그에 대한 마음을 이야기해주면, 아이들의 얼굴에는 미소가 차오르고 자신감이 가득한 얼굴로 변화한다. 자신에게 주어진 언니, 형, 누나, 오빠의 역할을 선생님과 부모에게 인정받으면, 아이들은 자신의 힘든 마음에 집중하기보다는 힘들지만 긍정적인 부분에 초점을 맞추어 더욱더 자신에게 주어진 역할을 잘 수행하기 위해 노력하는 모습을 보인다.

아이의 삶에 들어가 아이의 눈으로 같이 그 고민을 바라보는 것은 쉽지 않지만, 이 어려운 과정을 연습하고 자꾸 아이의 눈으로 바라보려고 하다 보면 엉켜 있던 매듭의 힘이 느슨해지고 하나씩 풀려 나가기 시작한다.

떼쓰는 아이
우아하게 대처하기

친구 중에 드라마를 잘 챙겨보는 친구가 있다. 친구가 재미있는 드라마 내용에 대해 이야기를 종종 해주지만, 그에 맞는 적당한 맞장구를 해주지 못하는 편이다. 내가 관심 있는 주제를 다룬 드라마나, 좋아하는 배우가 나오는 것을 따지는 등 드라마 하나를 보더라도 참 이것저것 세세하게 따져보는 피곤한 취향을 가지고 있기 때문에 드라마 고르기가 쉽지 않다. 그리고 새로운 드라마를 계속해서 찾아 보는 것보다, 어렵게 고른 드라마 혹은 영화 장면들은 다시 반복해서 보고 그때의 감동을 다시 느끼는 것을 좋아한다. 다양한 캐릭터를 연기하는 배우들을 보며 대리만족을 하는 경우도 있는데, 그중에서도 가장 기억에 남는 연기를 한 배우는 내 성격과 반대인 캐릭터를 연기했던 배우 서현진으로 그녀의 연기는 가끔씩 찾아서 감상하곤 한다.

오밀조밀한 이목구비를 갖춘 작고 예쁜 얼굴로 어떤 캐릭터든 자신의 느낌을 더해 표현해내는, 한마디로 맛깔나는 그녀의 연기가 참 좋다. 그녀가 연기한 것 중에 가장 좋아하는 장면은 무례한 사람에게 할 말을 조곤조곤 쏘아대는 장면이다. 나는 평소에 기분 나쁜 말을 듣고 감정이 불편할 때 상대에게 표현하기보다는 일단은 참는 성격 탓에 서현진의 연기를 그냥 감상한 것이 아니라 대리만족을 느꼈다. 불편한 말을 한 상대방에게 동요되어 화내는 모습이 아닌, 험한 단어는 하나도 쓰지 않으면서 상대의 무례함을 저격하는 담대한 대처가 우아하게 느껴졌다. 그 장면을 여러 번 반복해서 보면서 '나도 저렇게 우아하게 대처를 하고 싶다'라고 마음속으로 다짐하지만 현실에서는 역시 뜻대로 되지 않았다.

현실에서 불쾌한 마음이 들었을 때 우리 모습은 어떠한가? 직장에서 상사의 지적에 감정이 요동치고 여유롭게 대처하지 못한 자신의 모습이 잠이 들기 직전까지 후회되어 잠을 이루지 못하고, 동료 혹은 친구가 선을 넘는 말을 해서 기분이 상했을 때 까칠하게 말하면 언성이 높아질까 봐 참고 넘어가게 된다. 이렇게 세상을 살아가면서 인간관계로부터 받는 스트레스만으로도 벅차고 힘든데, 아이와 함께하는 부모와 교사는 아이들의 다듬어지지 않는 행동과 말을 마주할 때면 화가 치밀어 오르는 감정까지 느끼기도 한다. 그런데 아무리 불쾌해도 어른들 앞에선 어떻게든 품위를 지키기 위해, 더 불편해지지 않기 위해 최대한 이성을 붙잡으며 감정을 추스르게 되지만, 그 대상이 아이가 되면 감정을 제어하기란 더욱 어려워진다.

어른들은 당연히 아이들을 보호해야 한다고 생각은 하지만 아이가 약자라는 사실을 우리도 모르게 인지하고 있어서일까, 아이를 존중하며 대하는 것은 생각보다 말처럼 쉽지는 않은 일이다. 아이들은 무엇을 하면 어른이 싫어하는지를 아는 것처럼 어른의 한계를 건드릴 때가 참 많다. 떼쓰기, 깨물기, 편식하기, 사달라고 조르기, 고집부리기 등 아이들은 어른의 감정을 톡 하고 건드리는 행동을 하곤 한다. 아이에게 버럭 화를 냈다가도 금세 시무룩해진 아이를 보면 미안해지고 자책하기를 반복하는 것이 아이와 함께하는 많은 사람들이 매일같이 느끼는 감정이지만 '나만 이렇게 내 감정을 제어하지 못하는 것이 아닐까?' 하는 생각이 들 때가 있다.

육아 예능 프로그램이 많이 방영되고 있는데, 그 프로그램에서 보면 현실에서처럼 아이가 심하게 떼를 쓰는 장면도 없거니와, 떼를 쓴다고 해도 왠지 나보다 우아하게 대처하는 듯한 사람들을 보면 더욱더 자책을 하게 된다. 주변을 둘러보았을 때도 분명 같은 부모의 입장이고 같은 상황이지만 어딘가 나와는 다르게 대처하는 사람들을 볼 수 있다. 똑같이 아이와 겪는 문제 상황에서도 여유롭고 우아하게 해결해가는 가까운 부모들을 보면 그들은 타고난 성격의 영향으로 여유롭게 대처하는 것이 아닐까 하는 생각도 들기도 한다.

도대체 어떤 부분에 있어서 그들과 나는 다른 것인지 생각해보기 위해서 인간이 태어난 그 시점부터 거슬러 올라가 생각해보았다. 우린 모두 똑같이 백지의 상태로 세상에 발을 디딘 순수한 존재들이었다. 그런데 성장하는 과정 속에서 부모와 주변 환경에 영향을 받아 개개인마다 다른 성격, 습관, 취미 등 개성이 하나씩 생기면서부터 인간은 서로 다른 삶을 살아가게 된다. 이렇게 인간이 살아가고 영향을 받는 흐름과 과정에서 우리가 확실히 알 수 있는 것은, 인간은 태초부터 현명하지 않았고 이성적이지 않았으며, 우아함을 가지고 태어난 사람은 더더욱 없었다는 것이다. 한 사람이 가진 태도는 살아가면서 갖추어지게 된 것이고 이 말은 즉 내가 원하는 인격과 덕목은 나의 노력을 통해 만들어갈 수 있는 유동적인 부분이라는 것이다.

지금 보기에 지혜롭고, 마음이 여유로워 보이는 사람들일수록 과거에 그들이 살아오면서 위기를 겪거나 어떠한 일을 겪었을 때 남들보다 더 자신을 들여다보고 반성하는 과정을 거쳐온 사람들이다.

이젠 우아하게, 현명하게, 지혜롭게 아이와의 문제를 해결해가는 누군가를 보며 부러워하지 않아도 된다. 당신은 이미 우아함을 드러내기 위한 발돋움을 해왔고 지금도 하고 있으니 말이다.

칭찬은
양이 아니라 질

어디에선가 이런 글을 본 적이 있다. '여자들은 서로 친해질 때 칭찬을 많이 한다.'라는 말이었는데, 읽으며 곰곰이 생각해보니 나 역시도 아직 가깝지 않은 사람을 대할 때 칭찬까지는 아니더라도 상대방에게 기분 좋은 말들을 건네는 편이라는 것을 알았다. 기분 좋은 말을 건네면 자연스럽게 서먹했던 공기는 따뜻한 온풍기를 틀어놓은 듯 서서히 따스해진다. 아주 어렸을 때부터 낯가림이 심했지만 직장을 다니면서부터 대화의 기술을 하나씩 터득하게 되었다.

누군가가 나를 두고 기분 좋은 말을 했을 때 기분이 상하는 사람은 없을 것이다. 그러나 나는 칭찬을 받고도 기분이 묘해지고 좋지 않았던 적이 있었다. 그 사람은 분명 나에 대해서 칭찬을 하고 있는데, 눈은 나를 똑바로 쳐다보지를 못했고 표정은 경직되어 있었다. 나의 좋은 점에 대해 이야기를 할 때마다 이러한 표정들은 의아한 느낌을 들게 하였다. 그래서일까, 그 사람이 내게 건네는 칭찬은 늘 마음에 와닿지 않았다. 이런 미묘한 감정이 반복되어 급기야 나중에는 그 사람과 대화를 하는 상황이 불편해져서 일부러 대화를 피하게 되었다.

　　이런 복잡하고 미묘한 감정을 느끼면서 '진심'이 가진 힘이 새삼 놀라웠다. 아무리 좋은 단어들을 조합하여 좋은 문장으로 말을 한다고 해도, 목소리의 톤을 올리고 밝게 이야기를 한다고 하더라도, 말에 진심이 담겨 있지 않으면 어떻게든 상대방은 느끼게 되어 있다는 것이 너무 놀라웠다. 더구나 말을 전하는 상대가 아이라고 하면, 아이는 어른의 말에 담긴 것이 진심인지 아닌지를 더 빠르게 간파한다.

하루는 교실에 함께 있던 아이가 다른 선생님께 자신이 만든 것을 여러 차례 보여주면서 자랑을 했었다. 선생님이 서류 업무로 인해 다른 작업을 하면서 "어우~ 예쁘네! 잘했다!"라고 아이에게 이야기를 해주었는데, 아이가 "내꺼 보기 싫구나……"라고 힘없이 작은 목소리로 중얼거려서 깜짝 놀랐던 적이 있었다. 아이의 힘없는 목소리를 듣고 깜짝 놀란 선생님께서는 아이에게 너무 바빠서 제대로 보지 못했다고 솔직하게 상황을 말하며 미안하다고 전했고, 아이는 선생님의 마음을 이해해주는 듯 다시 얼굴에 환한 미소를 머금었다.

이처럼 아이들은 어른보다 더 빠르게 눈에 보이지 않는 진심을 알아차린다. 아이는 영아기 때부터 어른의 표정을 살피면서 자신이 괜찮은 존재인지 확인하고, 나와 함께하는 어른이 나를 안전하게 보호해줄지 자신의 안전과 가치를 확인하기 위해 어른의 표정을 끊임없이 살피게 된다. 엄마가 영아를 무표정으로 바라보았을 때 아이의 반응을 탐색하는 연구가 있었는데 엄마의 표정이 무표정일 때 아이 역시 무표정으로 변했다. 그리고 아이는 엄마의 눈을 피하면서 불안감을 느끼는 모습을 보였다. 이처럼 진심을 빠르게 알아차리는 능력을 타고난 아이들에게 마음에 없는 칭찬을 하게 되면 아이들은 어떻게 생각할까? 아이들은 역시나 단번에 진심이 아닌 칭찬을 빠르게 파악해낸다.

아이가 열심히 만든 작품을 자랑하면 어른들은 "잘했네"라는 말을 반사적으로 습관처럼 말하게 되는 경우가 많다. 아이들이 만든 블록, 그림 등 여러 가지 작품들은 어른이 보기엔 어쩐지 미완성된 것 같은 모습을 하고 있기 때문에 큰 감흥이 없는 것은 사실이다. 그래서 한껏 목소리를 높여 잘했다고 격려하는 것이 어른의 최선의 반응인 것이다. 그러나 어른들의 이 당연하고 별 의미 없는 칭찬은 아이들에게 생각보다 많은 영향을 끼치게 된다. "잘했네"라는 말을 조금 더 깊이 들여다보면 과정이 아닌 결과만 보고 판단하고 평가한 말이라는 것을 알 수 있다. 이렇게 평가에 익숙해진 아이는 어른의 한마디에 어느 순간 오디션에 선 참가자처럼 자신이 한 일에 대해 심사를 받게 되는 입장이 되어버린다.

심사위원이 참가자에게 좋은 점에 대해 말해주면 처음엔 기쁘고 뿌듯한 마음이지만, 그와 함께 부담이라는 압박감이 밀려오게 되는 것을 떠올리면 아이의 마음을 조금 더 이해하기가 쉬워진다. 더 잘해야 할 것 같은 부담에 마음껏 기뻐하지 못하게 되고, 자신이 한 일의 목적이 누군가에게 좋은 결과를 듣기 위한 것으로 둔갑해버리게 되는 것이다. 좋은 결과를 얻기 위해 노력하는 것은 나쁘다고 할 순 없지만 이것이 지속되다 보면 아이는 결과에 따라 자신의 가치를 한없이 낮게 평가하게 될 수 있다.

그럼 어떤 칭찬이 좋은 칭찬인 것일까? "잘했네"라는 칭찬은 금기어처럼 아예 말하지 말아야 하는 것일까? 칭찬의 목적은 아이를 북돋아주고 아이의 성장에 도움을 주기 위해서이지, 아이에게 부담을 주는 것이 되지 않아야 한다는 것임을 꼭 기억해야 한다. '잘했네'라는 단어 자체는 아이를 격려해주는 말이지만, 아이가 해낸 결과만 보고 진심을 담지 못한 채 똑같은 말을 반복적으로 한다면 아이는 그 말에 대한 감흥이 덜해지고, 교육적으로 좋은 동기부여가 되는 데 어려움이 생긴다.

아이에게 도움이 되는 칭찬은 아이 자신이 오래 머금고 음미할 수 있는 칭찬이고, 결국 이런 칭찬이 아이의 삶에 있어 도움이 되는 좋은 칭찬이 되어준다. 그런 칭찬을 전하기 위해서는 아이가 결과물을 들고 와서 부모에게 인정받고 싶어 하고 자랑하기 전에, 아이가 조금씩 노력하는 것들을 먼저 발견하여 그것을 전달해 주는 것만으로도 좋은 칭찬이 된다.

"요즘 엄마가 먼저 말하기도 전에 방을 혼자서 정돈하던데? 너무 대견한걸~."

"이 부분을 이렇게 표현한 건 아빠는 생각하지도 못한 방법으로 했네~."

이런 말들을 아이에게 툭툭 자주 던져주면, 아이들은 그 말을 한참 동안 생각하고, 떠올리고, 곱씹어서 음미하는 과정을 지나 마침내 자신의 가치에 대해 스스로 판단을 내리게 된다.

'난 이런 능력을 가진 사람이구나!'
'난 결국 해낼 수 있는 사람이구나!'

사랑의 회초리란
존재하지 않는다

이제 막 새롭게 알아가는 사람들과 이야기를 나누다가 자연스럽게 작가라는 것을 알게 되면 "너무 멋지네요."라는 말과 함께 반짝이는 눈망울로 바라봐주신다. 그런데 그런 말을 듣고 있으면 그리 멋지지 않았던 첫 책의 집필 과정이 떠올라서 이내 머쓱해지는 마음에 애써 미소를 짓는다. 초고를 집필하는 데만 1년이 넘게 걸렸고, 그 시간 동안 거의 눈물, 불안, 두려움과 함께 지냈을 만큼 힘겨운 시간들을 보냈었다. 책을 쓰기 전까지만 해도 기억하고 싶지 않았던 아픈 기억들은 가끔 생각이 나면 욱신거려서 외면하며 살아왔다.

그러다 첫 책을 집필하면서 내가 용기를 내지 않으면 다른 사람에게 위로를 건넬 자격은 없다고 생각했기 때문에 외면했던 작은 기억들까지 모두 꺼내어 마주했다. 실로 촘촘하게 묶어놓은 기억들을 고스란히 꺼내어 온몸으로 마주하는 것은 생각보다 더 고통스러운 일이었다.

어렸을 때 욕설과 폭력이 달궈놓은 뜨거운 공기가 집 안에 무겁게 내려앉았던 기억은 여전히 생생하다. 그때의 그 무거운 공기는 내가 성인이 되어서까지 따라다녔고, 다양한 형태로 이따금 지난날의 공포를 느끼게 하였다. 어디에서든 큰 소리를 듣게 되면 지나치게 불안해지고 예민해졌다. 이런 증상은 직장에서도 예외는 아니었다. 아이들이 조금이라도 다칠 것 같은 상황을 감지만 하게 되어도 격하게 예민해졌고 신경이 날카로워졌다. 그래서 아이들끼리 서로 치고 박는 다툼이 있을 때마다 강조했던 것은 '폭력은 무슨 일이 있어도 절대 하지 않아야 할 행동'이라는 것이었다.

사고와 폭력에 불안감이 크기 때문에 신문 헤드라

인에 아동학대와 관련된 단어만 보아도 가해자들에 대한 분노에 휩싸여 학대와 관련된 기사들은 보지 못했다. 그런데 도저히 그냥 넘기지 못할 정도로 많은 사람들을 분노하게 만든 사건이 있었다. 2020년 10월 13일 서울 양천구에서 발생했던 일명 '정인이 사건'이라고 불리는 아동학대 살인사건이었다. 8개월 된 영아를 입양한 부부가 16개월 동안 아이에게 끔찍한 폭력을 행사하여 결국 사망에 이르게 한 살인사건이었다. 아이의 췌장이 절단될 만큼 학대를 한 살인자들의 만행에 많은 사람들은 분노했으며 살인자들의 엄벌을 촉구하는 탄원서와 시위가 성행하였다.

그 시기에 우연히 《아동학대에 관한 뒤늦은 기록》이라는 책을 발견하였고 용기 내어 읽게 되었다. 이 책은 아동학대 사건을 취재한 기자들이 사건을 취재하면서 기록했던 아동학대 사건의 민낯을 가감 없이 기록한 책이다. 책을 읽으면서 도저히 끝까지 읽는 것이 어려울 정도로 끔찍하게 목숨을 잃은 아이들이 너무나도 많아 애통했다. 그런데 책을 읽으면서 문득 내가 지금 이렇게 책을 읽는 시간에도 피해를 당하고 있을 아동들이 얼마나 많을까, 하는 생각이 들었다. 기사를 통해 거론될 정도의 아동학대는 이미 학대로 인해 목숨을 잃은 아이들과 주변에서 아동학대 신고를 해준 아이들은 그나마 통계로 잡힐 수 있지만 통계로 잡히지 않는 아이들은 더 많을 것이다. 보건복지부에서 조사한 결과에 따르면 우리나라 학대 피해 아동 발견율은 4.02%라고 한다. 선진국의 아동학대 발견율은 9%인 것에 비해 반 이상 낮은 수치를 기록하고 있다.

우리나라의 아동학대 발견율은 왜 이토록 저조한 것일까. 만약 당신이 길을 지나가다가 어떤 어른이 아이에게 소리를 지르고 인격을 비난하고 있다면 어떤 생각이 드는가? '에휴, 어떤 잘못을 했길래……' 혹은 '혼날 일을 했구나'라는 생각이 문득 들 것이다. 이 생각은 아이들이 당연히 비난을 받아도 되는 존재라고 생각하는 우리의 무의식 속 깊게 자리 잡은 위험한 생각 중에 하나이다. "예전에는 다 맞으면서 컸어~"라고 말하시는 어르신들이 여전히 많지만, 아이에게 학대를 가하는 행동은 시대가 아무리 과거라고 해도 폭력은 잘못되었다는 것은 변하지 않는 사실이다. 이렇게 아이에게 가하는 폭력에 대한 인식이 우리 무의식 깊은 곳에서 '그럴 수도 있지……'라는 생각이 있기 때문에 학대를 발견하고 들었음에도 쉬쉬하며 모른 척 지나가는 경우가 생긴다.

아이에게 직접적으로 가하는 작고 큰 폭력도 과거 시대에 빗대어 정당화하는 사람들도 여전히 있는데, 아이들이 겪는 정서적 학대를 학대라고 인정하는 사람은 얼마나 될까. 신체적 외상을 입지 않았다고 학대가 아니라고 생각하는 것은 아이들의 존재를 그저 어른에게 순종해야 하는 존재라고 여기는 낡은 관념이다. 신체적 학대가 물리적인 공격을 받는 학대의 유형이라면, 정서적 학대는 정신적인 폭력이나 가혹 행위를 하는 학대의 유형이며 심리적 학대라고도 말한다. 2022년 3월 전주에서 자녀 앞에서 술을 마시고 서로 다투고 폭력을 쓴 부부에게 유죄를 선고하였다고 한다. 자녀에게 신체적 폭력을 가하진 않았지만, 아이의 정신 건강과 발달에 해를 끼쳐 정서적 학대로 유죄 판결이 내려졌다.

이처럼 힘을 가하여 아이를 다치게 하고 죽음에 이르게 하는 것만이 학대가 아니다. 아이가 평생 안고 살아야 할 마음과 정신을 다치게 하는 것 또한 학대임을, 이 시대를 살아가는 어른이라면 몇 번이고 상기시켜야 한다. 앞서 함께 교실에서 생활하는 아이들에게 강조했듯, 폭력에 대한 내 주관은 여전히 그대로이고 더욱 명료해지고 있다. 폭력은 어떤 갈등도 해결해주지 못하는 것이고 신체적·정서적 상처만을 남길 뿐이다. 내가 이렇게 폭력에 있어서 단호하게 말할 수 있는 것은, 지난 나의 책을 통해 그리고 이 책에서도 줄곧 이야기했던 것처럼 어린 시절부터 부모님의 폭력적인 싸움을 직관해야 했던 정서적 학대 피해자였기 때문이다.

아동보호 전문 기관 관장 조현경 씨는 "아동학대에 대한 사회적인 인식이 높아졌지만 여전히 많은 아이들이 학대를 경험하고 있다."고 말했다.

세상에 작고 여린 새싹으로 태어나 무참히 짓밟혀버린 아이들의 죽음이 멈춰야 한다고 생각한다면, 정서적인 학대로 인해 평생을 불안감, 우울함에 빠져 살아가는 어른 아이가 줄어들었으면 하는 당신이라면, '나 하나쯤이야 관심 가지지 않아도 다른 사람들이 관심을 가져주겠지'라는 마음이 아닌, '나 먼저 관심을 가져서 다른 이들도 관심을 갖도록 해야겠다'라는 마음으로 주변을 잘 둘러보자.

사랑의 매, 사랑의 회초리라는 이 모순적인 단어가 세상에 존재하지 않을 때까지.

아이들에게 배우는
삶의 지혜

20대 때 아르바이트를 하다가 "너는 참 긍정적이야."라는 말을 들었던 적이 있었다. 이 말을 듣고 '내가 긍정적이라고?!' 의아함으로 가득 찬 혼잣말을 마음속으로 몇 번이나 곱씹었는지 모르겠다. 평소에 '나'라는 사람을 긍정적인 사람보다 부정적인 사람에 더 가깝다고 생각했었다. 불평과 불만이 많은 편이라 생각했는데 긍정적이라는 말을 듣고 다시 생각해보니 그렇게 부정적인 사람이 아니라는 것을 뒤늦게 알았다.

나는 일이 잘 풀리지 않을 때, 예상하지 못한 일

을 마주했을 때 입버릇처럼 말한다. "이런 걸 배우려고 그랬나 봐." 내게 벌어지는 모든 일들과 고민이 생기는 것에는 다 이유가 있다고 생각한다. 그런 일들이 없었다면 나는 예전처럼 사고하였을 것이고 겸손하지 않았을 것이며 어리석고 이기적인 모습들로 살아갔을 것이니까 말이다. 나를 힘들게 하는 일들에는 이유가 있을 것이라고 생각하면 금방 힘든 마음을 털어내고 배움을 찾는다. 그리고 배움을 찾는 과정 속에서 문제를 해결하기 위한 방법을 모색하면 자연스럽게 긍정적인 사고로 전환이 되는 효과까지 얻게 해준다. 어렸을 때부터 일찍 맞이해야 했던 고난 속에서 마음을 다잡기 위해 애썼던 나름의 방법이 좋은 습관으로 자리 잡게 되었다.

배움을 찾아내려는 습관은 일상에서도 여러모로 내게 좋은 영향을 주었다. TV 속에 나오는 훌륭한 사람들과 내 주변에 있는 친구들, 직장에서 만나는 상사와 동료들 그리고 제자로 만나는 아이들에게서도 배울 수 있는 것들을 찾아내는 능력도 생겼다. 보통 아이들을 지도하는 '교사'라고 하면 많은 가르침을 전달하는 역할이라고 생각하지만, 반대로 아이들에게 배우는 것이 참 많은 직업이 교사라고 할 수 있다. 아이들과 함께하는 사람들만이 느낄 수 있는 특별한 배움에는 어떤 것들이 있을까?

1. 고정관념 없이 세상을 바라보는 시각

아이들은 이제 막 세상을 알아가고 있기 때문에 세상에 존재하는 많은 것들을 고정관념 없이 바라본다. 그것이 사람, 동물, 사물이라 할지라도 열린 마음으로 받아들인다. 그래서 아이들은 누군가 이야기해주고 알려준 것을 흡수하는 속도가 빠르다. 아이에게 대화법만 다르게 해도 아이의 행동이 금방 수정되고 긍정적으로 변화하는 경우가 많은 것도 그 이유다. 그런 아이들과 함께하는 교육자들은 자신의 말을 완벽하게 흡수하는 아이들에게 사명감을 느끼고 편견 없이 세상을 바라보는 순수한 마음을 배울 수 있다.

2. 자신의 감정에 충실하고 솔직하게 표현하는 아이들

아이들은 자신이 느끼는 감정을 솔직하게 표현할 수 있다. 그 감정과 생각이 어떤 것이든 누구 앞에서든 말과 행동으로 거침없이 표현한다. 어른들 또한 아이들처럼 천진난만하게 솔직했던 때가 있었다. 그러나 사회생활을 하며 이것저것 눈치를 보는 것에 익숙해진 어른들은 하고 싶은 말을 꾹 참으며 속병을 앓고 스트레스를 받는다. 아이들은 누구의 눈치를 보기보단 자신이 느끼는 감정을 있는 그대로 표현하는 것에 능하다. 상대를 싫어하면 싫어하는 대로, 좋아하면 좋아하는 대로 상대의 직위와 나이, 상황에 상관없이 감정에 충실하다 보니 상대방 입장을 고려하지 못하고 말을 할 때는 교사로서 상대를 배려하며 예의를 갖추어서 말할 수 있도록 돕지만, 아이들만이 할 수 있는 날것 그대로의 표현을 보면서 탁해진 마음도 맑고 순수한 감성으로 물들여질 때가 많다.

3. 사소한 부분에서 느끼는 행복

우리가 낯선 여행지에 가면 그곳에서 여행을 한다는 자체만으로도 설레고 모든 것이 새롭게 느껴지는 것처럼, 세상을 만나게 된 지 얼마 되지 않은 아이들은 여행자의 마음으로 하루하루를 설레는 마음으로 살아간다. 아이들에게 행복이란, 숨을 쉬는 것만큼이나 자연스럽고 쉽게 느낄 수 있는 감정이다. 아이들은 맛있는 음식을 먹으면서 행복을 느끼고, 신나는 음악에 맞추어 춤을 주며 행복해한다. 산책하다 마주친 꽃과 동물을 보면서 신기해하고, 삶에서 일어나는 작고 큰 모든 것들을 온전히 느낄 수 있는 존재가 바로 아이들이다. 이런 아이들을 보면서 지난날 내게도 존재했을 사소한 행복을 음미하는 능력을 상기시키며 작은 행복을 발견하려고 한다.

4. 진정한 사랑의 의미

어른들은 아이에게 사랑을 끊임없이 주어야 하지만 때로는 여러 환경과 컨디션의 영향으로 그렇지 못할 때가 있다. 그리고 주변 사람들에게 애정 표현을 하는 것에 서툴고 어색해하고 어려움을 느끼는 어른들 또한 많다. 하지만 아이들은 자신과 인연이 닿는 모든 존재에게 무한한 사랑을 베푸는 능력을 가지고 있다. 자신의 감정과 컨디션이 좋지 않을지라도 아이들은 상대방에게 금방 미소를 짓고, 안아주고, 사랑한다 말하며 과분한 사랑을 나누어준다. 사랑은 받기만 하는 것이 아니라 베풀었을 때 더 큰 행복을 느낄 수 있다는 것을 아이들로부터 배운다.

아이들을 지도하고 함께하는 것은 많은 감정과 체력이 소모되기 때문에 쉽지 않은 일인 것은 분명하다. 하지만 그럼에도 불구하고 아이들과 함께하는 것을 지속할 수 있는 힘은 아이들에게 존재한다. 아이들에게서만 배울 수 있는 삶의 지혜를 매일같이 배울 수 있다는 것이 얼마나 특별하고 감사한 일인가.

부족한 나에게 늘 과분한 사랑으로 가르침을 주고 사랑스러운 미소로 마음을 치유해주고 삶의 지혜를 깨닫게 해주는 아이들에게 내가 해줄 수 있는 일은, 아이들과 함께하는 시간 속에서도 배움을 찾으면서 좁고 탁한 마음의 시야를 넓히고 따뜻한 말 한마디를 건넬 수 있는 진정한 어른으로 성장해가는 것이라며 조용한 다짐을 해본다.

Part 4

교육기관에 다니며
시작되는
아이의 첫 사회생활

부모에서 학부모가
되었다는 것은

　　아직 부모의 손길이 많이 필요한 아이를 유아 교육 기관에 보내려고 할 때, 부모는 많은 걱정과 불안이 생기기 시작한다. 이렇게 불안한 마음으로 아이를 기관에 보낸다면, 아이를 물가에 내놓은 것처럼 매일 마음이 편할 리가 없다. 이러한 마음을 잠재우기 위해선 부모에게는 두 가지의 결심이 필요하다. 첫째는 아이를 나의 아이로 생각하는 것이 아니라 '아이 그 자체'로 바라봐주는 것이고, 둘째는 아이가 다니게 될 교육기관을 단순히 아이들을 돌봐주는 곳이라고 생각하기보다는 '우리 아이가 첫 사회생활을 경험할 곳'이라고 바라봐주는 결심이다. 이 두 가지 결심은 아이를 한 명의 독립적인 인격체로서 바라볼 수 있는 첫걸음이 되어준다.

아이를 인격체로 바라본다는 것은 무엇일까? 아이를 나의 소유물로 바라보는 것이 아니라, 나와 함께하는 존재로 받아들이고 존중하는 것이다. 여기서 주의해야 하는 것은 아이를 존중한다는 것의 의미를 바르게 인식하고 있어야 한다는 것이다. 아이의 요구를 무조건 다 들어주고, 아이의 편에만 서서 아이의 주장을 옳다고만 하는 것은 아이를 잘못된 방법으로 존중하는 것이라는 것을 기억해야 한다.

그렇다면, 실제 생활에서 아이를 인격체로서 존중해줄 수 있는 것은 무엇이 있을까?

1. 아이의 의견을 흘려듣지 않기
2. 약속한 것은 지켜주기
3. 다른 사람과 비교하며 이야기하지 않기
4. 아이가 스스로 해볼 수 있는 기회를 제공하기

등 존중할 수 있는 방법은 다양하다.

그럼, 교육기관을 다니게 되는 아이를 존중할 수 있는 것은 무엇이 있을까?

1. 아이가 자기 물건을 스스로 챙길 수 있도록 돕기
2. 하원 후 집에서 가방 정리를 스스로 하도록 하기
3. 친구와 다투고 온 아이의 속상한 마음에 공감해주기
4. 친구 혹은 선생님에게 자신의 생각을 말로 표현할 수 있도록 격려해주기

정도로 생각해볼 수 있겠다.

아이가 교육기관에 다니기 시작하면, 아이의 개인적인 삶이 시작된다. 때로는 친구와 다투어서 속상해지는 일도 생기고, 신나게 놀다가 다치는 일도 생기게 된다. 유치원을 잘 다니다가도 가기 싫은 날이 생기면 가지 않으려고 떼를 부리기도 한다. 이러한 일들은 우리 아이만 겪는 특별한 일이 아니라, 교육기관에 다니게 되면 자연스럽게 아이가 겪게 될 일이다. 아이에게

도 이제 사적인 감정과 일이 생겼다는 신호를 알려주는 것이기도 하다. 그런데 부모는 아이가 상처받은 것같아 걱정이 되어 아이와 함께 감정이 격해질 때가 있다. 이렇게 아이의 입장에서만 감정적으로 대응하다 보면 아이의 일들을 대신 해결해주는 일이 잦아지게 되고, 아이에게 생기는 모든 일을 부모가 대신 해주려고 하면 그것은 아이의 삶이 아닌 부모의 삶이 되어버린다.

어렵겠지만 아이가 기관에 다니는 순간, 아이만의 삶이 시작되는 것이라고 인정해보자. 다소 냉정하게 느껴질지도 모르지만 어린이집, 유치원은 절대 우리 아이 한 명을 특별하게 돌봐주는 곳이 아니다. 교사 생활을 하는 동안에 많은 부모님들과 함께하며 알게 된 사실이 있다. 부모가 교육기관과 자신을 갑과 을로 나누지 않고, 아이의 성장을 위한 동등한 입장이라고 생각하시는 부모님들께서는 기관을 아이가 생활하는 곳으로 분리하여 여겨주신다는 공통점이 있었다. 하지만 반대의 경우에는 작은 상처에도 예민해지고 아이와 관련되어 발생되는 모든 일들을 기관의 탓, 상대방 부모의 탓이라고 여겨 감정이 상하시는 분들 또한 많았다.

아이를 존중해주는 만큼 아이가 다니게 될 기관을 존중해주는 마음도 필요하다.

아이의 개인적인 삶이 시작되었음을 인정하고 아이가 다니게 될 기관을 아이의 사회생활이 시작되는 곳이라고 바라볼 준비가 되었다면 단단히 마음을 다잡고 학부모로서의 첫발을 내딛어보자.

첫 교육기관을 고르기 전에
꼭 알아두자

앞서 이야기했던 것처럼 다년간 많은 교육기관을 경험하면서 아이들에게 직접적으로 많은 영향을 끼치는 것은 기관의 프로그램이 아닌, 아이들과 함께하는 교사임을 알게 되었다. 교사의 개인적인 인성과 역량에 따라 반 분위기가 다르고, 같은 교구와 주제로 반이 운영되더라도 아이들에게 전달되는 교육의 질에는 차이가 있었다. 하지만 교사의 개인적인 인성과 교육 가치관은 눈으로 확인할 수 있는 것이 아니기 때문에 이런 부분을 고려하여 교육기관을 고르기는 어렵다.

부모의 역할도 처음이라 하나씩 처음으로 알아가야 할 것들도 많은데 다양한 교육기관 중에서 어떤 기관이 신뢰할 만한 곳인지 판단하기란 쉽지 않다. 아동심리 미술 교육원을 운영하기 전에 어린이집, 유치원, 병설 유치원 등 총 7년을 머물고 2년 정도는 여러 기관에서 담임을 대체하는 교사로 지내면서 거의 50군데 이상의 기관을 경험해왔다. 처음에는 기관에서 하는 일이나 흐름에 적응을 하느라 기관마다 차이가 무엇인지, 좋은 기관이란 어떤 곳인지 기준이 없었지만 다양한 기관을 경험하고 나서야 이젠 어떤 기관이 좋은 기관인지 그렇지 않은지에 대한 나름의 기준이 명확히 생기게 되었다.

훗날 내가 부모가 되었을 때 교육기관을 선별할 때는, 이 세 가지 기준은 꼭 살펴보겠노라고 생각한 것들이 있다.

1. 교사의 근속연수

교육기관을 고르는데 왜 교사의 근속연수가 중요한 기준이 되는지 의아할 것이다. 그러나 이 부분은 내가 현장에 있는 교사로서 직접 체감했던 가장 중요한 부분 중에 하나였다. 여러 기관을 다닐 때 처음 경험하는 기관의 분위기를 가장 잘 파악할 수 있는 부분이 바로, '교사의 근속연수'였다. 교사의 근속연수는 교육기관에 머무는 교사의 연도 수를 말하는데, 한 기관에 머무는 교사들이 1~3년 미만인 교육기관보다 3~6년 이상 일하는 교사들의 비율이 높은 기관이 분위기가 훨씬 안정적이었다.

여기서 기관의 분위기가 안정적이라는 것은 '교사들 간의 협력이 잘되고 기관이 원활하게 잘 운영되는 것'을 의미한다. 반대로, 1~3년 미만인 교사의 비율이 높은 곳은 '신입 교사들이 많고 퇴사를 하는 교사들이 매년 있다는 것'을 의미한다.

교사들의 협력과 기관의 운영이 아이들에게 미치는 영향은 실로 막대하다. 아이에게 직접적인 영향을 주는 사람은 하루 동안 가장 많은 시간을 함께하는 교사라는 것을 생각하면 더 쉽게 이해가 될 것이다. 우리 아이에게 영향을 주는 사람이 교사라면, 교사에게 가장 많은 영향을 주는 외부적인 것들은 무엇인지 생각하면 좋은 기관을 고르는 것은 더욱 수월해진다. 교사가 안정적으로 하루를 보내는 환경을 제공하는 기관이 아니라면, 교사는 늘 큰 스트레스를 받으며 예민한 상태로 아이들과 함께해야 한다.

많은 교사들이 다른 곳으로 이동하지 않고 오랜 기간 머무는 기관이라면, 교사들이 안정적인 마음으로 아이들과 함께할 가능성이 높고, 그 좋은 영향은 곧 우리 아이에게 고스란히 전해질 것이라는 것을 꼭 기억하자. 교사의 근속연수는 네이버 검색창에 해당 어린이집을 검색하기만 해도 그래프로 표시되어 쉽게 확인할 수가 있다. 하지만, 언제나 예외는 있는 법이다. 교육 가치관이라곤 전혀 없는 원장과 교사들이 오랜 시간 가족처럼 함께 하는 곳도 있으니 무조건 이 글의 기준을 신뢰하기보다는 참고하여 기관을 잘 살피도록 하자.

2. 실행하는 프로그램의 개수

부모가 생각할 때 다양하고 많은 프로그램을 하는 곳은 왠지 알차고 아이가 배울 게 많다고 생각하게 되어 좋은 기관이라고 여길 때가 많다. 그러나 우리가 즐겨 찾는 음식점에서도 다양한 메뉴를 한꺼번에 많이 파는 곳보다 몇 가지 메뉴만 파는 식당의 음식 퀄리티가 다르듯이 교육기관도 마찬가지이다. 여러 많은 프로그램을 한다는 것은 뭐 하나 집중적으로 제대로 정성을 기울이지 않는 것을 의미한다. 정성을 기울인다고 해도 교사들에겐 업무가 과중된 것이고, 그로 인해 교사들이 느끼는 스트레스는 엄청나다는 것을 의미한다.

하지만 이 영향은 여기서 멈추지 않고 또 발생된다. 아이들은 여러 프로그램을 매일 소화해내야 하고, 그 결과물을 원장과 부모에게 보여주기 위해 동시에 여러 활동을 하게 된다. 아이들은 활동의 목적을 제대로 알지 못한 채 원장과 교사의 지시에 따라 움직이며 정신없는 하루 일과를 보내게 되는 것이다. 이러한 악순환들이 교육기관에서 진행되는 프로그램으로 인해 발생되는 나비효과들이다.

여러 프로그램을 실행하는 것의 영향력이 이렇게까지 크다는 것을 현장에서 직접 경험한 사람이 아니면 절대 느낄 수 없는 부분이기 때문에 꼭 전달하고 싶었다. 여러 프로그램을 진행한다는 것은 기관 입장에서 '프로그램에 대한 결과와 성과를 내야 하는 것이 많다는 것'이라는 사실을 절대 잊지 말자.

3. 위생과 안전 상태

동료 교사와 이야기를 나누던 중 기관에 대한 충격적인 이야기들을 참 많이 들어왔고 직접 보기도 하였다. 아이들에게 주는 음식량을 일부러 적게 주문하여 이익을 남기는 곳은 물론이고, 아이들이 사용하는 칫솔과 양치 컵을 곰팡이가 피도록 방치하는 교사도 보았다. 코로나19로 인해 이젠 더더욱 위생 관련 부분을 신경 쓰는 곳이 많겠지만, 이러한 부분을 간과하며 지저분한 위생 상태로 운영하는 곳도 여전히 존재한다.

직접 경험하고 들어왔기에 나중에 아이를 보내게 될 기관을 볼 때 아이들이 먹는 급식은 어떤 형태로 운영되는지, 주방이 있다면 주방 청결 상태가 양호한지, 칫솔과 양치 컵 관리 방식을 꼭 살필 것이다. 위생과 더불어 아이들 생활에 있어 가장 중요한 '안전'과 관련된 부분도 반드시 살펴야 한다. 아이들이 가장 오래 머무는 교실의 안전 상태가 잘 되어 있는지, 아이들 수에 비해 교실이 너무 작진 않은지, 혹은 교사가 너무 적진 않은지 꼭 살펴야 한다.

　기관 입장에서는 아이들의 정원수가 딱 맞춰지는 것이 운영하는 데에 안정적이기 때문에 되도록 정원을 채우려고 한다. 정원을 채우는 것은 문제가 되진 않지만 정원 대비 교사의 수가 적거나 교실이 너무 좁을 때는 그만큼 아이들의 안전이 보장되지 않음을 뜻한다. 교사들이 제지를 한다고 해도 잠깐 시선이 머무르지 않을 때 찰나의 사고가 생기는 것이 아이들이다. 교실이 너무 좁으면 부딪히는 일이 많이 생길 수밖에 없다. 교실이 넓다고 하더라도 교사의 수가 아이들에 비해 너무 적으면 교사가 감당할 수 있는 상황을 벗어난 일들이 많이 생기기 마련이다 보니 돌발 상황들이 잦게 된다.

　아이의 첫 교육기관으로 어린이집과 유치원을 보내야 할 때 어떤 교육기관을 골라야 할지 고민에 빠지게 되는 이유는, 학부모로서 기관에 대한 명확한 기준이 서 있지 않은 상태이기 때문이다. 그래서 다른 부모들에게 어떤 기관인지 전해 듣는 이야기로 교육기관에 대한 정보를 얻기도 하고 인터넷 카페를 통해 기관의 정보를 얻기도 한다.

하지만, 그러한 이야기들도 부모 개인의 교육 가치관과 성향에 따라 '좋다', '나쁘다'를 판단하는 기준이 달라서 남에게는 좋은 기관이 나에게는 맞지 않을 수도 있다는 것을 꼭 알고 나의 교육 가치관에 잘 맞고 아이가 안전하고 마음 편안하게 생활할 수 있는 교육기관인지 잘 검토해보자.

비교가
독이 되는 과정

인생을 살다 보면 좋은 인연도 만나지만, 나와 맞지 않은 인연들을 만나게 된다. 결국 좋지 않았던 인연들도 대부분 그 시작은 좋은 인연으로 시작하지만 결국 서로 맞지 않는다는 것을 알아차리고 이별을 맞이하게 된다. 나에게도 깊은 마음을 나누었지만 인연을 끊게 된 사람들이 딱 세 명이 있다. 그 친구들 중에서 한 사람의 행동을 생각하면 마음 한쪽이 여전히 쓰리게 느껴지곤 한다. 그 친구의 첫인상은 참 예뻤다. 예쁜 외모를 가져서 사람들이 처음에 많은 관심을 가질 만큼 예뻤던 사람이었다. 그런데 함께 이야기를 나누고 마음을 나누는 시간이 길어질수록 점점 첫인상과 달리 보이기 시작했다.

친구의 행동과 이야기를 가만히 보고 듣고 있으면 의문이 드는 경우들이 많아지기 시작했다. 자신이 하지 않은 일을 했다고 이야기를 하는 모습, 타인의 행동에 대해 비꼬면서 깎아내리는 말들, 타인과 계속해서 자신을 비교하는 태도들이 일상에서 대화를 나눌 때마다 느껴져서 자연스럽게 마음은 멀어졌고 관계를 정리해야겠다는 결심을 하게 되었다. 그 친구와 함께했던 시간은 짧았지만 깊은 마음을 나누었기 때문에 관계를 정리하는 것에 많은 시간이 걸렸고, 지금도 때때로 꿈에 나오기도 하며 여전히 마음이 많이 쓰이는 사람이다. 나는 친구와의 인연을 정리하면서 친구가 보였던 태도들을 하나씩 떠올려보았다. 내 눈에는 친구의 유일하고 특별한 장점들이 크고 밝게 빛나 보였는데, 친구는 끊임없이 다른 사람을 기준으로 자신의 단점에 집중하는 모습이 마음이 아프고 안타까웠다. '곁에서 좋은 영향을 주면 달라지지 않을까?'라는 생각으로 곁에서 나름 긍정적인 태도를 취하며 보여주려고 했지만 시간이 흘러도 달라지지 않았고 결정적으로 사람들에게 거짓말을 하면서까지 자신을 포장하는 모습을 보고 친구의 곁을 떠나기로 결심을 하게 됐다.

이쯤에서 왜 저자가 자신의 사적인 인간관계 이야기를 이렇게까지 늘어놓는 것인지 의아함이 들 수도 있을 것 같다. 그 친구를 보면서 '비교'라는 것이 한 인간의 삶을 천천히 몰락시키는 힘을 가진 엄청난 것이라고 깊이 깨달았기에 사적인 나의 이야기를 전하지 않을 수가 없었다.

사회심리학자 레온 페스팅거는 타인의 의견, 타인의 삶 등 타인과 나를 비교하며 내가 잘 하고 있는 것인지 끊임없이 비교하는 인간의 심리를 '사회비교 심리'라고 이야기하였다. 다른 사람들의 사적인 부분까지 SNS를 통해 쉽게 접할 수 있는 요즘은 사회비교 심리를 경험하기가 더 쉬워졌다. 나와 타인만 놓고 보아도 비교가 되는 항목들이 참 많은데, 자녀를 둔 부모는 자신과 더불어 다른 사람의 자녀까지 비교의 대상이 확장되기 때문에 부모가 아닌 사람들보다 더 많이, 더 자주 사회비교 심리를 경험하게 된다.

부모 자신이 비교를 자주 할수록 그 비교의 잣대는 자연스럽게 아이에게도 향한다. 처음에는 '나는 별로 행복하지 않은데 쟤는 참 행복해 보이네'라는 단순하고 가벼운 비교를 했으나 점차 비교의 항목은 확장이 된다. 타인의 가족, 경제력, 옷, 자녀 성적 등 타인이 가진 모든 것들이 비교의 항목이 되어버린다. 이렇게 자주 비교를 할수록 마음은 불안해지고 조급해진다. 그러다 문득 보이는 우리 아이는 누구의 아이들과는 다르게 공부라곤 전혀 관심이 없고 놀고만 있다면 아이의 앞날이 더 걱정이 되어 "공부 좀 해야지, 이젠.", "넌 뭐가 되려고 그래?", "엄마 친구 딸은 혼자 알아서 공부한다더라!"라는 말들까지 나오게 된다.

부모는 답답하고 걱정되는 마음에 나오는 말들이지만, 아이 입장에서는 부모가 누군가와 자신을 비교하는 것은 "너는 다른 사람들보다 부족하고 못난 사람이야"라는 말로 받아들여진다. 미국의 정신분석학자 에릭 에릭슨(Erik H. Erikson)은 심리사회적 발달이론으로 사람을 영아기에서부터 노년기까지 8단계로 나누었다. 4단계에 속하는 후기 아동기는 '근면성 대 열등감' 단계로, 이 시기의 아이들은 또래와 학교에서 경쟁하며 비교를 당하게 될 때 열등감을 갖게 되고 무능력함을 느끼게 된다고 한다. 이 시기에는 부모와 교사는 아이가 너무 깊이 열등감에 빠지지 않도록 많은 격려를 해주는 것이 필요하다.

그런데 이 시기에, 아이에게 툭툭 던지는 잔소리와 수치심을 느끼게 하는 이야기들은 아이의 열등감을 더욱더 부추길 뿐이다. 어렸을 때 같은 반 아이가 "너 저 아파트에 산다며?"라고 비꼬듯 이야기를 했던 표정과 말투는 30대가 되어도 또렷하게 기억난다. 그 친구는 내뱉은 순간 기억하지 못하는 말이 되었겠지만, 나에게는 수치스러웠던 일로 어른이 된 지금까지 기억에 자리 잡고 있다. 이러한 말 외에도 외적인 것만 보고 사람을 판단하고 수치심을 갖게 하는 말들은 다양하게 넘쳐난다.

"엄마 친구 딸은 안 그러는데, 너는 왜 이렇게 유별나니."

"너 같은 반 친구 ○○는 대회에서 상을 받았다던데, 넌 뭐 하는 거야."

"살이 왜 이렇게 쪘어? 쟤 좀 봐라. 저렇게 관리 좀 해, 너도."

이런 말들은 아이의 수치심, 열등감을 높이고 자존감은 낮아지게 한다. 또한, 아이 자신이 아니라 타인을 기준으로 두고 남들보다 무조건 앞서면서 살아가야 한다고 부추기게 한다. 이렇게 계속해서 누군가와 비교를 당하며 있는 그대로의 자신의 존재를 인정받지 못한 아이들은 스스로를 존중하는 법을 배우지 못한 채 어른이 된다. 그래서 끊임없이 무언가 증명해내려고 애쓰고 인정받기 위해 애쓴다. 그래야 자신의 존재 가치를 느낄 수 있으니 말이다.

어느 TV 프로그램에서 자식이 부모에게 상처받는 말을 조사하여 5위부터 1위까지 소개한 적이 있었다. 5위부터 4위까지는 "누구는 잘하는데 넌 왜 못하니?",

"누굴 닮아서 그래!" 등의 예상 가능한 말들이라 모두들 고개를 끄덕였지만, 1위가 공개되는 순간 모두들 잠시 침묵했다. 자식이 부모에게 가장 상처 받는 말 1위는 '부모의 깊은 한숨 소리'로, 말이 아닌 무의식적으로 나온 한숨 소리였다. 어른들은 자신도 모르게 아쉬움에 나오는 소리더라도 아이들은 부모의 작은 한숨 소리에도 부모의 마음을 느끼고 자신의 가치를 확인받는 여린 존재이다.

다른 사람 혹은 다른 사람의 자녀가 가진 좋은 능력들을 보면서 비교하는 그 마음을 막을 수는 없겠지만, 비교하는 마음이 들 때 그 감정을 오래 물고 늘어지지 않고 '부럽다!'라는 한마디로, 아이에게 닿지 않도록 비교의 독을 멀리멀리 흘려보내자.

친구와
다투고 온 아이

　초등학생 때 친구와 또래 관계를 맺는 시간이 오래 걸렸던 지극히 내향적인 아이였던 만큼, 친구와 싸우는 일도 매우 드물었다. 친구와의 다툼으로 인해 가족들에게 하소연을 했던 적은 딱 한 번 있었다. 기억은 흐릿하지만 초등학교 저학년 때 남자아이와 말다툼을 하다가 남자아이가 명치를 때린 적이 있었다. 그땐 너무 놀라 울면서 하교를 했고 집에 계셨던 할머니에게 있었던 일을 다 털어놓으며 눈물 콧물을 다 쏟았었다. 할머니는 잘 울지 않던 애가 울면서 하소연을 하니 안쓰럽고 화도 나는 복잡한 마음이셨는지 싸웠던 친구와 나를 불러서 대화하는 시간을 만들어주셨다.

어렸을 때의 나처럼 내 마음이 괜찮지 않을 때 누군가가 "괜찮아?"라고 물어보면 더 서러움이 복받쳐서 눈물을 흘리는 건 어른이 되어서도 마찬가지로 경험한다. 괜찮냐고 물어보는 사람이 나를 조건 없이 사랑해주는 가까운 사람이라면 더욱더 그렇다. 밖에서 서럽고 힘들었던 일들을 밖에선 티 내지 못하다가 나를 사랑해주는 사람 앞에서는 미주알고주알 하나씩 꺼내며 위로받고 싶은 건 어른이나 아이나 같은 마음인 것 같다. 또, 내가 사랑하는 가족이 사람에게 상처받아 힘든 모습을 보면 어렸을 때 친구를 불러 서로 사과를 시킨 우리 할머니처럼 울컥 화가 치밀어 오르기도 한다.

그 대상이 아직은 여린 아이라면 더욱더 그렇다. 아이들은 기관에 다니기 시작하면 크고 작은 일들을 경험하기 시작한다. 친구와 선생님 등 가족이 아닌 여러 사람들과 함께하면서 기분이 좋은 일도 있고 나쁜 일도 생기기 시작하면서 아이들은 본격적으로 사회생활로 스트레스를 받게 되고 인생의 쓴맛을 보게 된다.

아이가 유치원, 학교, 학원 등에서 기분이 상하게
되는 일은 보통 친구로부터 시작이 된다. 친구에 대한
이야기는 부정적이거나 긍정적인 두 가지의 반응으로
나뉘는데, 그럴 때 각각 어떤 반응을 해주어야 아이에
게 도움이 될까? 도움이 되는 반응을 알아보기에 앞
서 도움이 되지 않는 반응을 먼저 정리해보면 다음과
같다.

- 친구와 싸운 상황을 이해해주지 않기
- 무조건 아이의 편에서 이야기하기
- 상대방 친구를 함께 비난하기
- 아이 앞에서 상대방 아이와 싸우지 않게 해달라고
  선생님께 부탁하기
- 친구와 싸울 때마다 부모가 대신 해결해주기

위에 제시된 반응은 아이를 독립적인 존재로 인정
해주지 않는 행동이며 아이가 나중에 혼자 살아가야
하는 힘을 빼앗는 행동이다. 친구와 다투고 온 아이와

대화를 할 때는 '아이의 속상한 마음을 공감하되 상대 방을 함께 비난하지 않기'라는 목적을 잘 잡고 대화를 이어나가는 예를 한번 살펴보도록 하자.

아이 오늘 ○○랑 싸웠어. ○○가 나 싫대.

부모 왜 무슨 일이 있었니?

아이 나는 ○○랑 계속 놀고 싶은데, 다른 친구랑 놀겠다고 했어.

부모 그래? 너는 ○○를 많이 좋아하는데 속상했겠다.

아이 맞아, 이젠 ○○랑 같이 안 놀 거야.

부모 ○○를 너무 좋아하는데, ○○가 다른 친구랑 놀겠다고 해서 그런 거야?

아이 응…….

이렇게 글자로 곱게 나열된 예시문을 읽으면 고개가 끄덕여지지만, 직접 그 상황을 마주하게 되었을 때는 곱게 나오지 않게 되는 것이 현실이다. 아이가 서러워서 우는 모습을 보거나 힘들어하는 모습을 보면 이성보다 감정이 앞서기 때문에 예시문처럼 바르고 고운 표현들보다 "또, 왜! 누구랑 싸운 건데?!", "사이

좋게 지내야지! 싸우길 왜 싸워!", "걔는 애가 왜 그런데?!"라는 말들이 앞선다. 그래서 아이가 하소연을 할 때는 책과 각종 강의에서 보았던 예시문 중에 어떤 말을 건네야 할지 고민하기 전에, 복잡한 감정들부터 얼른 추슬러서 마음을 진정시키는 연습을 하는 것이 더 빠르고 현실적인 방법이다.

내 감정을 추스르는 시간이 단축되고 자연스러워질 때부터는 아이의 이야기를 들어주면서, 한 가지를 잊지 않고 아이와 대화를 이어나가면 된다. 그 한 가지는 '어쨌거나 상황을 해결해야 하는 사람은 아이'라는 것이다. 그럼 곁에 있는 부모와 어른들이 할 수 있는 일은 무엇일까? 아이가 이 상황을 최대한 지혜롭게 해결하도록 여러 가지 대안을 생각해보고 해결 방법에 대해 이야기를 나누어보자. 부모는 아이 곁을 지켜주는 존재이지만, 그렇다고 해서 아이가 하는 모든 행동에 대해 편을 들어주고 응원해주어야 하는 것은 아니다.

부모 역시 감정이 격해질 때 먼저 내 감정을 다스리고 상황을 해결해 나가는 것처럼, 아이 또한 자신이 마주한 상황을 해결해 나가도록 돕는 것이 어른들이 해야 할 최선의 역할이다.

발표를
못하는 아이

　어렸을 때부터 주목을 받는 것을 못 견뎌하는 편이어서 어른이 되어서도 강의를 들을 때 "궁금하신 점 있으시면 질문 받을게요."라는 강사의 말이 떨어지면 자연스럽게 책상을 향해 고개를 떨구었다. 그런 나에게 담임이 되어 학부모 참관 수업을 이끌고 진행해야 한다는 것은 거의 벌칙과도 같은 무척 두렵고 어려운 일이었다. 초임 때에는 참관 수업을 시작하기 전에 청심환까지 먹으며 떨리는 마음을 진정시켰다. 경력이 쌓여도 떨리는 마음은 초임 때와 크게 달라진 것은 없지만 그래도 예전과는 달리 초조한 마음은 빠른 시간

안에 진정되었다.

참관 수업을 진행하면서 흥미로웠던 것이 있었다. 아이들도 참관 수업 날이 되면 어딘가 평소와는 다른 모습이 나타난다는 것이었다. 평소에는 손을 번쩍 들어서 즐겁고 신나게 이야기를 하던 아이가 엄마 곁에 꼭 붙어서 수줍어하는 모습을 보였고, 반대로 수업 시간에는 조용하던 아이가 부모님과 함께하니까 오히려 더 용기를 내어 발표를 하는 모습도 보였다. 그런 모습을 보면서 아이들도 참관 수업이 평소와는 다른 감정을 느끼게 해준다는 것을 알았다. 교사인 나와 아이들이 참관 수업이 특별하고 긴장된 시간이라고 느끼는 것처럼 학부모님들 또한 참관 수업을 통해 많은 감정들이 교차하는 날이기도 하다.

학부모 참관 수업에 참여하신 학부모님들 중에 학급에서 생활하는 아이의 모습을 직접 보고 난 후에 걱정을 털어놓는 분이 많으셨다. 다른 아이들은 손을 번쩍 들고 자기 생각을 표현하는데 우리 아이는 왜 못하는 것인지 답답해하시기도 하고, 주제와는 상관없이 다른 이야기를 하면서 수업에 참여하지 않는 아이의 모습을 보고 걱정하시기도 했다. 계속 이런 수업 태도를 갖는다면 남들에 비해 뒤처지고 할 말도 제대로 못하면서 살아가는 건 아닐까 하는 생각에 고민의 깊이는 깊어져간다.

수업 시간에 발표를 잘하는 아이들과 그렇지 못하는 아이들을 보면, 발표를 잘하는 아이들이 수업에 적극적이고 왠지 공부도 더 열심히 하는 것처럼 느껴지게 된다. 그러나 말하기 능력은 사람의 성격마다 다르고 무엇보다 성별에 따른 차이도 발생한다고 한다. 예일 대학의 베넷 셰이위츠(Benett Shaywitz)는 남자아이와 여자아이가 말할 때 사용하는 뇌에 대해 연구하였다. 말을 할 때 남자아이는 좌뇌를 사용하고 여자아이는 좌뇌와 우뇌를 모두 사용한다고 한다. 감정을 담당하는 것은 우뇌이고 언어를 담당하는 곳은 좌뇌이다보니 남자는 여자보다 자신이 느낌과 감정을 말하고 설명하는 것에 어려움을 겪는다.

말하기 능력은 이렇게 우리가 선택하기도 전에 남

자와 여자라는 이유만으로 차이가 생겨나게 되고, 또한 타고난 성향, 살아온 환경에 따라 개인마다 확연하게 달라진다. 많은 사람들 앞에서 말하는 것이 즐거운 사람도 있지만 다수의 사람들보다 소수의 사람들과 이야기하는 것이 더 편안한 사람들도 있다. 발표하는 것이 어려운 아이는 말하는 것보다 들어주는 것이 더 편하고 좋기 때문에 그 행동을 취하는 것이고, 발표에 두려움이 없는 아이는 다수의 사람들 앞에서 말하는 것이 어렵지 않은 일이기에 수월하게 발표를 할 수 있다.

아이들은 그저 자신의 성향에 맞게끔 행동을 한 것일 뿐이지, 발표를 잘 못한다고 해서 수업 태도가 나쁜 것이라 말할 수 없다. 발표를 잘한다고 해서 모범적인 수업 태도를 가진 것이라고 판단하는 것은 아이의 가치를 단정 짓는 매우 위험한 고정관념이 된다. '발표를 못하는 아이'라는 프레임을 아이에게 가져다 대면 아이는 정말 발표를 못하는 아이가 되지만, '소그룹 발표가 편한 아이'라고 생각하면 '대그룹 발표보다 소그룹 발표에 능숙한 아이'가 된다. 아이마다 다르게 지닌 가능성을 교사와 부모님이 유아기 때부터 발견하여 천천히 이끌어준다면, 아이들은 자신에게 맞는 방향으로 조금씩 성장할 기회를 가질 수 있다.

사람들 앞에 나서서 말하고 이야기하는 것은 내 성향과 무관하게도 학생 때 혹은 성인이 되어서 몇 번쯤은 경험한다. 발표가 어려운 아이의 성향을 바꾸어 발표를 잘하기를 기대하는 것보다, 아이가 그 상황을 나름 잘 견디고 소화할 수 있도록 도와주는 것이 앞으로 어쩔 수 없는 상황을 경험할 아이를 현실적으로 도울 수 있는 어른들의 역할이라 생각한다. 발표에 대한 큰 긴장감을 가진 아이라면 '발표'라는 것 자체에 대한 긴장감을 완화시키도록 돕는 것이 먼저다. 긴장감을 완화시키려면 자신의 생각에 대해 말하는 것을 일상적이고 자연스럽게 만들어주는 것이 많은 도움이 된다. 가정에서 가족들과 함께 밥을 먹을 때나 차를 타고 이동할 때, 어떤 체험을 했을 때 등 장소와 관계없이 일상적인 주제로 서로의 생각을 들어볼 수 있는 토론을 생활화하는 것이다.

토론하는 장소는 어디든 상관이 없다. 차 안, 할머

니 집, 안방, 식탁 등 일상에서 만나는 모든 장소가 토론장이 될 수 있다. 토론이라고 해서 왠지 거창한 주제를 다루어야 할 것 같지만 장난감, 음식, 코로나19, 컴퓨터 등 일상에서 접하는 모든 것이 토론의 주제가 될 수 있다. 이렇게 한 가지 주제를 두고 서로의 생각을 들어보는 것이 자연스러워지면 가족들의 생각을 들어보면서 상대방의 이야기를 귀 담아 듣는 듣기 훈련도 되고, 내 생각을 편안하게 말할 수 있는 환경이라 아이는 자신의 생각을 언어로 표현하는 것이 자연스러워진다.

이런 과정들 속에서 아이가 가족들에게 "와, 그 생각은 나도 생각해보지 못했는데 좋은 생각이네!", "네 생각을 들어보니까 더 잘 이해가 된다." 등의 긍정적인 피드백까지 얻게 된다면 아이는 점차 발표에 대한 긴장이 풀려가게 되어 유치원, 학교에서도 자신의 생각을 이야기할 수 있는 자신감이 싹트기 시작한다.

발표가 어려운 아이는 결코 문제가 있는 아이가 아니다. 누군가가 앞에서 이야기를 할 때 조용히 귀 기울이는 것이 말하는 것보다 더 많은 노력이 필요한 능력이라 생각한다.

    다른 이의 생각을 귀담아들을 줄 아는 능력을 가진
아이의 특별한 가치를 어른인 우리가 먼저 발견하여
아이의 삶에 도움이 되도록 일상에서 작은 노력만 기
울여주자.

상담 전에
학부모가 준비해볼 만한 질문들

교육기관에서는 1학기와 2학기에 상담을 진행한다. 그런데, 이 상담 시간은 교사와 부모에게 모두 긴장되는 시간이다. 교사는 말 한 마디 한 마디를 조심스럽게 하게 되고, 학부모는 우리 아이가 잘못된 부분이 너무 많지는 않을지 걱정되는 마음도 든다. 부모의 입장에서 학부모 상담이라고 하면, 왠지 교사에게 일방적으로 '아이가 이렇다 저렇다'라는 평가를 받는 시간이라는 생각이 들어서 학부모 상담은 긴장된 시간이라 느껴진다. 학부모 상담을 진행할 때 마주한 학부모님들의 표정은 대부분 긴장된 미소 혹은 무표정의 얼굴로 긴장을 많이 한 모습이 역력했다.

상담을 진행할 때 학부모님들은 모두 긴장한 모습이었지만, 상담을 대하는 태도는 조금씩 달랐다. 아이와 관련된 여러 질문을 해주시는 분들도 계셨으나 주로 교사의 이야기를 경청해주시는 것이 대부분이셨다. 상담 시간은 교사인 내 입장에서도 떨리는 순간이지만 부모의 입장에서는 더욱 긴장되고 떨리는 시간이다. 이렇게 떨리는 시간임에도 굳이 교사와 부모가 마주하고 1년에 두 번씩 상담을 진행하는 이유는 뭘까. 교사와 부모 간의 상담은 어느 한쪽에서 판단한 것에 대한 통보를 하는 시간이 아니라 한 아이를 위한 어른들의 중요한 논의 시간인 것이다.

이런 귀한 시간을 교사의 이야기만 들으면서 "네!"라고 수긍만 하다가 상담 시간을 흘려보내기보다는, 앞서 이야기한 '상담 시간 = 논의 시간'이란 정의를 떠올리며 상담에 적극적으로 참여를 해보자. 상담에 적극적인 참여를 위해선 여러 질문들이 필요하다. 어떤 질문을 해야 아이를 잘 이해하고 도울 수 있는지 학부모의 입장에서 필요한 몇 가지의 질문들을 정리해보았다.

1. 기관에서의 기본 생활 습관

많은 아이들을 만나오면서 그리고 학부모님들과의 많은 상담을 하면서 느낀 것은, 아이들이 가정에서 지내는 모습과 교육기관에서 지내는 모습이 대부분 다르다는 것이었다. 그래서 가정에서는 아이가 스스로 하는 것이 거의 없고 때만 써서 걱정했으나, 기관에서는 180도로 다른 모습으로 친구들과 선생님을 도와준다는 이야기에 놀라시는 분들이 많았다. 어른들도 집에서의 모습과 바깥에서 생활하는 모습에 차이가 있듯이, 유치원과 학교는 아이들이 사회생활을 하는 공간이기 때문에 가정과는 또 다른 모습일 가능성이 크다. 아이가 기관에서 기본적인 생활 습관(식습관, 질서 지키기, 정돈하기 등)을 어떻게 하고 있는지, 정해진 규칙을 잘 따르는 편인지 아니면 너무 어려워하는지 기본 생활과 관련된 질문으로 우리 아이가 교육기관에서 어떻게 지내는지 머릿속에 그려볼 수 있고, 아이에게 가정에서 좀 더 세심하게 지도해줄 것이 무엇인지 알아낼 수가 있다.

2. 친구들과의 관계

친구들과의 관계에 대해 상담을 할 때 부모님들이 가장 궁금해했던 것은 "우리 아이가 어떤 아이랑 친한 가요?"인 경우가 많았다. 아이들이 친구와 관계를 맺을 때도, 자신의 성향에 따라 그 방법이 천차만별이기에 친구 관계와 관련해서는 누구랑 친한가와 더불어 관계에 대한 구체적인 질문을 하는 것이 아이의 사회성 발달을 파악하는 것에 도움이 된다. 예시 질문은 다음과 같다.

Q. 아이가 단짝 친구와 지내나요? 아니면 여러 친구들과 노는 것을 좋아하나요?

Q. 친구에게 먼저 다가가 놀이를 하는 편인가요?

Q. 친구들과의 관계에서 생기는 문제들을 어떤 방법으로 해결하나요?

Q. 친구가 속상한 말을 했을 때 어떻게 반응하나요?

Q. 평소 화가 나면 어떤 방법으로 화를 표출하나요?

'아이가 누구와 얼마나 많이 친한가'라는 기준으로 아이의 친구 관계를 '좋다', '나쁘다'라고 쉽게 판단할 수 없다. 아이들은 다른 사람과 친구가 되는 방법을 알아가고 있는 중이기 때문에 그 방법이 서툴고 아이들마다 차이가 있다. 아이에게 필요한 사회성 발달의 자극은 무엇인지 교사에게 구체적인 질문을 건네고 아이에게 맞는 사회성 발달 자극을 찾을 수 있도록 도와주자.

3. 수업 태도

아이들마다 수업 시간에 집중하는 시간과 태도는 다양하다. 선생님이 하는 말에 오랜 시간 귀 기울여 듣는 아이도 있지만 수업 시간에 가만히 앉아 있는 것만으로도 어려움을 호소하는 아이도 있다. 선생님께 우리 아이가 수업을 할 때 어떤 자세인지, 집중 시간이 긴 편인지 아닌지를 여쭤보면서 우리 아이가 수업할 때 필요한 것들이 무엇인지 알아두고 가정에서도 그에 필요한 지도를 해주면 유치원, 학교생활을 이어갈 때 적절한 도움을 줄 수 있다. 우리나라에서는 교사 대 아이들의 비율이 높은 편이라, 수업 시간에 집중이 어려운 아이들을 세심하게 보살펴주고 지도해주는 부분이 부족하다. 교육 강국으로 불리는 핀란드에서는 수업에 참여하는 것이 어려운 아이들을 개별 지도를 통해 수업 태도를 수정해주고 보완해주는 시스템이 별도로 되어 있다고 한다. 아직까지 우리나라는 아이들의 성향마다 개별적으로 맞춰주는 시스템이 갖추어지지 않았기 때문에 이러한 부분에 대해 가정에서도 도움을 줄 수 있는 부분이 무엇인지 선생님과 함께 이야기를 나누며 조율하는 것이 좋다.

4. 흥미 있어 하는 영역, 활동

아이가 기관에서 놀이를 할 때, 유난히 좋아하는 활동과 집중력이 높은 활동이 있을 것이다. 아니면 이와 반대로 아이가 자신 없어 하는 활동도 있을 것이다. 아이가 흥미 있어 하는 부분은 수시로 변해서, 아이가 관심을 가질 때 그것에 대해 깊이 알 수 있도록 자극을 주면 아이는 무언가를 알아가는 배움에 재미를 느끼고 자신감을 얻게 된다. 이 자신감은 다른 활동을 할 수 있게 만드는 원동력이 되어준다. 아이가 기관에서 관심이 있거나 관심이 없는 주된 활동들이 무엇인지 질문을 건네어 알아본 후에 아이에게 필요한 부분이 있다면 관심을 가질 수 있는 경험을 제공해주고, 관심 있어 하는 활동은 깊이 탐구해볼 수 있는 기회를 제공하여 아이의 흥미와 능력을 발견해주자.

마지막으로, 선생님께 위의 항목들에 대해 질문을 드리고 질문의 마무리 부분에서는 "그럼 제가 이 부분에 대해 가정에선 어떤 도움을 주면 좋을까요?"라고 질문을 하여 가정에서 도울 수 있는 방법을 교사와 의논하여 얻는 것도 좋은 방법이 될 것이다.

학부모 상담 시간은, 아이를 위한 교사와 부모 간의 논의 시간이라는 것을 다시 한번 기억하며 떨리는 마음을 꼭 붙잡고 상담에 임해보도록 하자.

엄마들과의 친분은
과연 필요할까

　　나이가 한 살씩 많아질수록 어렸을 때는 느끼지 못
했던 스트레스가 하나씩 생기게 된다. 내가 일을 하지
않으면 생계를 이어갈 수가 없고, 아무리 힘들다고 해
도 현실적인 여러 상황을 생각하면 퇴사를 단번에 결
심하기도 어렵다. 그래서 어른이 되면 나와 내 삶을 책
임지고 견디고 버텨야 하는 일들이 많아진다. 이토록
인생의 많은 고난 속에서 가장 머리 아프게 하는 건
'인간관계'와 관련된 문제들이다. 육체적으로 힘든 것
은 휴식을 잠깐 취하면서 재충전을 할 수 있지만, 사람
이 얽힌 고민은 내 정신, 감정, 마음 모두에 영향을 끼

치는 것이라 쉽게 해결되지도 않고 사람의 성격마다 다르겠지만 해결됐다고 하더라도 여운이 꽤 오래가는 것이 인간관계와 관련된 고민들이다.

아이들과 함께 생활하면서 사람간의 관계에 대해 많이 돌아보고 배우는 것들이 참 많았다. 누군가는 어린아이들을 보면서 인간관계를 떠올리고 배울 수 있는 것이 뭐가 있겠냐고 의아해할 순 있지만 아이들을 보면서 인간관계 속 원초적인 감정들을 많이 발견할 수 있었다. 아이들은 자주 어울리는 친구가 있으면 그 친구와 다툼이 자주 일어났고, 자기가 좋아하는 친구가 다른 친구들과 어울리면 삐치고 화내는 모습을 보였다. 그리고 신기했던 것은 어린아이들 사이에서도 권력이 생긴다는 것이었다. 자신에게 화를 내지 않고 잘해주기만 하는 친구에겐 짜증도 내고 화를 내기도 하지만, 자신의 생각을 명확하게 이야기하는 친구에게는 화를 내지 않고 순순히 친구의 말을 따르는 모습도 발견할 수 있었다.

내가 좋아하는 색깔로 된 소지품, 내 취향에 꼭 맞

는 옷을 보면 갖고 싶어지듯이 대화가 잘 통하는 사람, 멋지고 예쁜 사람을 보면 그들과 친해지고 싶어지는 욕구가 생기게 된다. 독일의 문헌 학자이자 철학자인 니체는 이러한 인간의 본능을 권력의지라고 정의하였다. 남을 정복하거나 동화시켜 스스로 강해지고자 하는 권력의지는 인간 내면에 깊이 자리 잡고 있다. 아이들 역시 상대방이 나보다 강한 사람이라고 판단이 들면 그 친구 의견을 대부분 수긍하면서 좋은 사이를 유지하려 하는 모습을 보였다. 그리고 자신이 좋아하는 친구가 다른 친구를 좋아하면 질투하는 아이들의 모습을 보면서 타인을 소유하고 싶은 인간의 원초적인 본능을 이해할 수 있었다.

이런 아이들의 원초적인 모습들은 아이들만의 특별한 모습이 아니고 어른들 사이에서도 볼 수 있다. 교사를 하면서 아이들이 친구 관계로 인해 스트레스를 받는 모습을 제3자로 지켜보았던 것처럼, 학부모님들 사이에서도 미묘하게 느껴지는 상황을 종종 마주하게 되었다. 분명히 아이들끼리도 친하고 밖에서도 여러 부모님들이 어울려 허물없이 지내는 사이처럼 보였으나, 반이 바뀌는 시점에 "선생님…… ○○랑은 다른 반으로 할 순 없을까요?" 하고 요청하시는 분들도 계셨고 아이들이 서로 다툼이 있었을 때 학부모님들끼리 일어났던 일들을 털어놓으시며 상담하시는 분들도 있었다.

어른들도 좋아하는 친구가 생기면 많은 시간을 같이 보내고 싶어지게 되는 것과 같이, 아이들도 어린이집을 다닐 때부터 좋아하는 친구와 오랜 시간을 함께 보내고 싶어 하기 시작한다. 그럼 아이들은 부모에게 "엄마, 친구랑 놀러 가고 싶어!", "아빠! 우리 집에 친구 초대하면 안 돼?" 하고 이야기를 하고, 부모들은 아이가 또래 친구와 좋은 관계를 형성하도록 돕고 싶은 마음이 들게 되어 자녀가 어울리는 친구들의 엄마들과 친분을 쌓아 아이들과 함께 만나게 된다.

그런데 이런 모임이 잦을수록 부모들은 아이들로 인해 묘한 감정들을 느끼게 되는 일이 생긴다. 아이들은 관계를 형성하는 방법에 대해 배워가는 시기라서 다툼이 잦고 문제 상황들이 끊임없이 발생하게 되는

데, 이럴 때 부모들은 우리 아이를 공격하는 아이에게 좋지 않은 감정이 생기기도 하고 그것을 제지하는 다른 부모의 양육 방식이 이해가 가지 않는 상황들을 경험하게 된다. 원래 친분이 있던 사이라면 이 부분에 대해 가볍게 말을 건네며 조율을 할 수 있겠지만, 단지 아이들이 같은 교육기관을 다닌다는 이유로 혹은 아이가 좋아하는 친구라는 이유만으로 이제 막 인연이 되어 알게 된 사이라면 불편했던 마음을 전하기란 결코 쉽지 않은 일이다.

이런 문제들이 해결되지 않는다면 감정의 골이 깊어지게 되고 점차 부모들의 사이가 껄끄러워지게 된다. 아이들끼리는 서로 너무 좋아하기 때문에 감정을 표현하는 방식이 서툴러서 생겼던 단순한 문제가, 어른들까지 개입이 되면 걷잡을 수 없이 크게 번져버린다. 이와 같은 상황을 목격해오면서 느낀 바로는, 아이가 사회성이 많이 부족하여 외부에서 친구를 만나서 대화를 하고 노는 경험이 꼭 필요한 경우를 제외하고는 아이들과 부모들이 모임을 형성하여 외부에서 자주 만나고 어울리는 것을 자제할 필요가 있다고 본다.

아이들은 친구와 다투기도 하고 문제를 해결하는 과정을 경험하면서 관계를 형성할 때 필요한 예의, 배려, 리더십 등 많은 것들을 배워야 하는 시기이다. 그런데 이러한 경험은 이미 유치원과 학교, 학원에서 하루 일과 시간 동안 충분히 경험을 하고 있으며, 그 부분에 대해 숙련된 교육자들이 아이들이 문제를 잘 해결해 나갈 수 있도록 아이들 곁에서 도와주고 있는 부분이다. 아이의 또래 관계 형성을 위한 모임은 아이에게 새로운 경험을 할 수 있는 정도로 아주 가끔씩 제공해주는 것만으로도 충분하다.

　　아이들의 일로 인해 어른들 싸움으로 번지게 될 때 아이들은 그 상황을 다 느끼고 지켜보고 있다. 내 아이를 위한 일이라고 나섰지만 결국엔 아이에게 그릇된 인간관계상을 몸소 보여주는 상황이 될 수가 있다는 것을 꼭 기억하자.

　　그리고, 내가 사랑하는 아이가 좋아하는 친구니까 그 부모와 내가 친해져서 아이를 더 행복하게 해주어야 한다는 의무감과 책임감으로 무리하게 부모들 사이에서의 관계를 이어가고 있었다면 그러지 않아도 괜찮다고 전해주고 싶다.

아이가 가장 바라는 것은 자신으로 인해 힘든 부모의 모습이 아니라, 부모의 행복하고 편안한 모습일 테니 말이다.

아이의 사춘기를 대하는
진짜 어른의 자세

한 시대를 주름잡았던 싸이월드가 2021년에 다시 재개했다. 싸이월드는 1999년에 등장했으며 지금의 소셜 네트워크인 인스타그램, 페이스북 역할을 했었다. 미니홈피라는 개인의 온라인 공간을 마치 실제 방처럼 다양하게 꾸며볼 수 있었던 것이 큰 재미 요소였다. 자신만의 캐릭터를 설정하는 것은 물론이고 소정의 돈을 도토리로 바꾸어 음악, 스킨 등 다양한 소품으로 나만의 공간을 만들 수 있었다. 친구들과 일촌을 맺으면 글과 사진을 감상하고 쉽게 소통할 수 있어서 무려 3200만 회원들의 사랑을 받았던 소중한 공간이었다. 그런데 시대가 급속도로 변화하여 다양하게 쏟아졌던 소셜 네트워크에 밀리게 되고 기업의 경영난으로 2014년부터는 싸이월드를 이끌던 기업은 서비스를 중단하게 되었다고 한다.

그렇게 추억 속에만 잊혀진 싸이월드가 2021년이 되어 다시 부각을 나타냈다. 일명 싸이월드 감성이라고 불릴 만큼 그 당시 유행했던 음악들과 패션, 각광받던 그때의 감성들이 다시 사랑을 받기 시작한 것이다. 각종 패러디들이 다시 회자되었고 다시 복구된 시스템으로 사람들이 그 당시에 공유했던 글과 사진들을 다시 찾을 수 있게 되었다. 개인의 방이라고 생각되는 공간이라 그런지 그때는 참 쑥스러운 것도 모르고 마음속 깊이 고취되어 있는 감정들을 글로 표현하는 것이 자연스러웠다. 지금 생각해보면 창피하고 부끄러운 추억이라고 생각할 수 있겠지만, 요즘 SNS는 완벽하게 갖추어진 것을 보여주는 공간이 되었다면 그때는 자신의 감정과 생각을 있는 그대로 표현할 수 있었던 지금보다 더 솔직하고 진솔한 공간이었다고 생각된다.

말수가 적었던 나는 말로 생각을 전하는 것보다 글로 표현하는 것이 더 편했었기에 정말 온라인 속 나만의 공간처럼 특별하게 여겼다. 말로는 표현하기 힘들었던 복잡한 감정들을 미니홈피에 기록을 하며 마음을 달랬던 기억이 많다. 학령기 이전에는 어떤 것에 대해 깊이 생각하고 판단하지 못했기 때문에 혼자만의 시간이 필요하지 않지만 초등학생이 되면서부터는 친구 관계의 폭이 넓어지고 그로 인해 타인에 의해 감정이 흔들리는 일들이 생기기 시작한다. 이 시기부터 다양한 감정과 고민이 폭발하는 사춘기에 접어들면서 부모와의 대화는 점점 줄어들게 된다.

　교육 공영방송 EBS와 네이버가 합작해서 설립한 콘텐츠 기업인 '스쿨잼'이 2021년 청소년을 대상으로 부모와의 대화 빈도에 대해 조사를 하였다. 초등학생부터 고등학생까지 부모와 대화를 얼마나 많이 나누는지 조사하였는데, 그 결과 학년이 높을수록 부모와의 대화 빈도가 적어지는 것을 발견할 수 있었다. 대화 빈도가 낮은 이유로는 학생 본인의 자유 시간을 즐겨야 한다는 것이 25.2%, 부모님과의 대화가 부담된다는 응답은 23.6%로 높은 응답률을 보였다. 물론 부모도 이러한 시절을 겪었지만, 어렸을 때는 이런저런 이야기를 해주던 아이가 점점 말수가 적어지면 부모는 답답해지고 걱정이 되기 시작하여 급한 마음으로 아이와 대화를 시도하려다가 마찰이 자주 일어나기도 한다.

부모 입장에서는 마냥 어린 아이들의 고민이라 대수롭지 않게 생각하고 아이의 고민 자체를 가볍게 여기게 된다. 아이와 대화를 나눌수록 가슴에 답답함만이 차오르게 된다. 그러다 답답함이 폭발되어 아이의 고민을 뭉개버리는 좋지 않은 말들이 아이에게로 향하는 일이 반복되곤 하는데, 이런 대화는 아이의 방문을 닫히게 할 뿐만 아니라 아이의 입과 마음을 완전히 닫히게 만든다.

이 시기를 지나는 아이에게 가장 도움이 되는 어른들의 태도는 무엇일까? 그럼 먼저 그때의 나를 떠올려 보면서 그 해답을 천천히 찾아 나가보자. 일단 아이들의 마음을 이해하기 위해서는 청소년기 아이들만의 감성을 헤아리는 것이 필요하다. 어렸을 때는 한 살 차이가 나는 언니, 오빠들이 커다란 존재처럼 느껴지기도 했고 무섭기도 했었다. 지금 그 나이대 학생들을 보면 정말 다 똑같이 아이 같고 예뻐 보이는데, 학교에서 학생 신분으로 바라보는 선배들은 다가갈 수 없는 어려운 존재였다. 그렇다고 같은 나이 또래 친구들이 편안하지는 않았다. 나이가 같아도 그룹이 나뉘어 있었으니 말이다. 그 당시 미묘한 신경전들로 가득했던 친구들과의 관계를 떠올려보면 낯설고 처음으로 느껴보는 감정들로 가득했다.

친한 단짝 친구가 다른 친구와 더 친하게 지내면 괜스레 질투가 나기도 했고 함께 다니는 친구들에게 서운한 감정을 느껴보기도 했으며 관심이 가는 이성 친구를 향한 설레는 마음을 처음으로 느껴보는 등 온통 처음 경험하는 것들과 감정들로 가득했다. 어른이 되었어도 인간관계로 인해 생기는 스트레스로 괴로울 때가 한두 번이 아닌데, 학창 시절에는 관계로부터 오는 많은 감정들이 모두 처음이었고 '나'라는 존재에 대한 정체성을 찾는 시기이기도 했으니, 지금 생각해보면 그때 고민의 무게는 지금은 비교할 수 없을 만큼 무거웠으리라 짐작이 된다.

　이렇게 혼란으로 가득했던 청소년기를 지나 어른이 되어 혹은 부모와 교사가 되어 그 나이대 아이들의 일들을 곁에서 바라보니 고민이라고 생각도 들지 않을 만큼 가벼운 것들이라는 것을 어른이 되고 나서야 깨닫는다. 하지만 그 시기에 머물고 있는 아이들에게는 우리가 그랬던 것처럼 이때의 고민이 아이들이 머무는 세상에서 가장 무겁고 힘든 고민이다.

　인생의 쓴맛, 단맛을 처음으로 맛보는 아이들에게 도움이 되는 어른들의 태도는, 아이가 입을 꾹 닫고 말을 하지 않는다고 걱정하고 섣부른 말로 다그치는 것이 아닌, 아이가 머무는 시기를 같은 시선으로 바라봐 주려고 노력하는 마음이 필요하다.

　이렇게 아이를 존중하고 배려하는 태도를 갖춘 진짜 어른만이, 엄청난 무게의 고민들로 굳게 닫혀 있는 아이의 마음을 열 수 있는 자격을 가질 수 있다.

그냥 부모 말고
좋은 부모

　　요즘 아이들은 자기가 좋아하는 프로그램을 시청할 수 있는 기기와 환경이 마련되어 독점 시청이 가능하지만 내가 아주 어렸을 때는 영상을 접할 수 있는 매체로는 TV가 유일한 수단이어서 집에 혼자 있을 때를 제외하고는 거의 독점 시청이 불가능하였다. 그래서 어른들이 시청하는 프로그램도 함께 보게 되는 경우가 많았는데 딱히 그것에 대해 불만을 가지진 않았다. 어린이였던 내 입장에서 보기에도 재밌고 흥미로운 프로그램이 90년대에는 참 많았기 때문이다. 그때 참 인상 깊었던 프로그램들 중에 보고 싶은 사람을 찾아주는 프로그램을 재미있게 본 기억이 난다.

〈TV는 사랑을 싣고〉라는 프로그램은 내가 유치원
생이었을 때부터 시작해서 꽤 오랜 기간 방영된 프로
그램으로 기억한다. 그 프로그램이 어린 나에게 흥미
롭게 다가온 것은 다 큰 어른들이 나와서 고마웠던 사
람, 사랑했던 사람, 미안했던 사람과 마주하면 반가워
하고 우는 모습에 있었다. 프로그램에서는 연락이 끊
긴 사람들의 소식을 찾고 찾아 마침내 사연자가 그리
웠던 사람을 만나게 되었는데 기쁜 웃음이 아닌 눈물
을 흘리는 사연자의 모습이 어린 나에겐 의아함을 자
아내었으리라고 어른이 된 내가 그때의 내 마음을 짐
작해볼 수 있을 것 같다.

어느덧 30대를 걷고 있는 나는, 그 당시에 그리운
사람을 마주한 사연자들의 마음과 눈물을 이제는 완
전히 이해할 수 있게 되었다. 요즘은 툭하면 눈물이
나는데, 이 감성 그대로 내가 그리운 사람을 찾는 입
장이었다면 눈물을 멈추지 못해 방송을 중단해야 하
는 위기를 겪었을 거라 확신한다.

아직은 걸어가야 할 시간들이 많은 나이이지만, 과거의 기억들은 더 또렷해지고 그리운 사람들은 많아진다는 것이 정말 신기하다. 대부분 기억에 오래 남는 것들의 온도는 극명한 차이를 보인다. 시릴 만큼 차가운 기억과 눈물이 나올 만큼 따뜻한 기억. 차가운 기억들은 대부분 마음에 상처와 트라우마로 남은 좋지 않은 기억들이다. 누군가에게 놀림을 받았던 기억, 상처 되는 말을 들었던 기억, 공포와 같은 기억들은 제대로 치유를 받지 못한 채 흘러가버리면 더 생생한 기억으로 내 마음에 여전히 살아 숨 쉬게 된다. 따뜻한 기억들도 차가운 기억과 마찬가지로 마음에 존재하지만 나에겐 확연히 다른 영향을 끼친다. 차가운 기억들이 나의 마음에 자리 잡고 내 숨을 빼앗아 가는 역할을 한다면, 따뜻한 기억은 내게 새로운 숨을 끊임없이 불어주는 역할을 한다.

나의 개인적인 가정사를 먼저 알게 된 사람들에게 같은 질문을 받은 적이 있었다. 그들은 안타깝고 진지한 얼굴로 "지금은 아버님이랑 연락하지 않으시죠?"라고 조심스럽게 물었다. 이 책을 통해 사연을 접한

독자분들 중에서도 이런 생각을 스치듯 하신 분들이 당연히 계시지 않을까 싶다. 솔직히 아빠라는 존재는 내게 어렸을 때 공포의 대상이자 차라리 내 인생에서 없었으면 하는 그런 존재였다. 그런데 마음을 치유해 나가고 회복하는 과정 중에 부모에 대한 분노를 스스로 솔직하게 인정을 하면서 아빠에 대한 원망과 분노는 점차 줄어들었다. 그러다 감사하게도 아빠가 지난 날 자신의 과오를 눈물로 호소하며 진심 어린 사죄를 내게 해주시는 날을 만날 수 있었고, 그렇게 오랜 시간 쌓아온 아빠에 대한 마음속 깊은 원망을 깨끗하게 청산할 수 있게 되었다.

이 깊은 원망을 청산할 수 있었던 힘은 다름 아닌 '기억'에 있었다. 크리스마스 전날 밤이면 잊지 않고 머리맡에 내가 갖고 싶어 하던 장난감을 놓아주던 아빠의 모습, 방학이 되면 여행을 가서 신나게 놀았던 날들과 생일 때면 학교에 꽃을 보내주어서 아이들의 부러움을 받게 해주었던 일, 엄마가 돌아가시고 나서는 요리 레시피를 펼쳐놓고 나와 동생에게 반찬을 해주던 아빠의 뒷모습 등 아빠에 대한 좋지 않은 기억을 넘어서는 온도가 높은 따뜻하고 좋은 기억들이 참 많았다. 차갑고 시린 기억들이 오랜 시간 내 숨을 빼앗아 나를 아프게 했지만, 아빠와 함께했던 지난날의 따뜻한 기억들은 끊임없이 내게 숨을 불어넣어주고 있었다.

'만약에 아빠에 대한 좋지 않았던 기억들만 내게 남아 있었더라면?'이라는 질문을 어느 날 문득 나에게 해본 적이 있다. 그럼 나는 분명 평생토록 아빠를 원망하며 살았을 것이고 인연을 끊고 지냈을 것이라는 냉정하고 단호한 대답이 돌아왔다. 이러한 경험을 통해 기억이 가진 힘은 세월만큼 무거운 힘을 가진다는 것을 알았다. 따뜻한 기억들은 증오, 분노, 원망이라는 나쁜 감정들을 상쇄시키는 강력한 힘을 가졌다는 것 또한 몸소 느낄 수 있었다.

학부모님들과 여러 이야기를 나누면서 공통적으로 들었던 말이 있다. "좋은 부모가 되어주어야 하는데⋯⋯.", "저는 좋은 부모가 아닌 것 같아요." 좋은 부모에 대한 갈증과 고민들이 가득한 이야기들이었다.

그런 이야기를 들을 때마다 세상에 있는 부모를 좋은 부모, 나쁜 부모로 나누는 것만 같아서 마음 한편에 찬바람이 부는 것 같은 쓰린 감정을 느꼈었다. 그런데 교사의 입장이 아닌 내가 자식의 입장에서 경험했던 것을 바탕으로 '아이 입장에서의 좋은 부모'에 대한 정의를 명확하게 내려볼 수 있었다.

좋은 부모란, 좋은 대학을 보내주는 부모도 아니고, 경제적인 풍족함만 물려주는 부모도 아니다. 아이에게 있어 가장 좋은 부모는 아이가 훗날 어른이 되어 '부모'라는 존재를 떠올렸을 때 얼굴에 가득 미소가 퍼지게 만들어주는 부모가 아이에게 가장 좋은 부모이다. 아이는 부모가 사준 장난감을 그 순간 소중히 여기지만, 엄마가 따뜻하게 안아준 순간과 아빠가 건네준 다정한 한마디, 부모와 함께했던 추억은 평생 마음에 간직한다. 이 소중한 기억들은 아이가 어른이 되어서도 생생하게 느낄 수 있어서 힘들고 지칠 때마다 앞으로 다시 나아갈 수 있는 힘을 주곤 한다. 남들에 비해 부모로서 아이에게 잘 해주지 못하는 것 같다고 자책하지 말고 지금 당장 아이가 평생 간직할 선물을 속삭여보자.

　"엄마 아빠에게 너는 참 소중한 존재야. 많이 많이
사랑해."라고.

뻔하고
당연한 이야기들

지금까지 책을 쭉 감상해보셨는데 어떠셨나요?

'역시나 뻔하고 당연한 소리들이군……! 누가 몰라서 못하나?'라는 생각을 하는 분도 계셨으리라 생각합니다. 왜 이렇게 육아, 교육 분야의 책들은 뻔하고 당연한 이야기들이 많은 것인지, 이론적으로는 이미 다 아는 것들이고 알지 못해서 안 하는 것들이 아닌데, 다른 정보성 책들을 들춰 보아도 다 비슷비슷한 맥락의 이야기들이 가득한 것을 발견할 수 있을 것입니다. 그런데 여기서 한 가지 흥미로운 점은, 모두 다

비슷하고 당연한 이야기를 시대를 불문하고 인연도 없는 사람들이 한마음, 한뜻으로 이야기를 한다는 것입니다.

그럼 잠시 걸음을 멈추고 달리 생각해보면 매번 나오는 책마다 당연하고 뻔한 이야기들이 반복된다는 것은, 첫째, 많은 이들이 연구를 통해 그리고 경험을 통해 깨달은 지혜임에도 불구하고 여전히 우리에게 필요한 이야기들이라는 것이고, 둘째, 아무리 이론으로 공부를 열심히 한다고 해도 우리가 현실에서는 잘 잊게 되는 것들이라고 해석할 수 있을 것입니다.

실제로 육아 관련 글을 작성해 올렸을 때 이런 댓글을 받은 적이 있습니다. "말로는 참 쉽네요.", "맞는 말이지만, 이상적인 이야기에 불과하네요." 처음엔 기분이 유쾌하지만은 않았던 것이 솔직한 마음이었지만, 곱씹을수록 이분들의 이야기가 틀리지 않다고 생각했습니다. 그래서 저는 이런 댓글을 받을 때마다 이렇게 이야기를 했습니다.

"맞습니다. 말로는 참 쉽고 이상적인 이야기들이죠. 이 뻔하고 당연한 말들을 아이와 함께하고 현실에서 상황을 마주했을 때는 새까맣게 잊어버리게 됩니다. 그래서 우린 이 뻔하고 당연한 말들을 잊으면 다시 읽고 또 생각하고 기억해야 한다고 생각합니다."

당연하고 뻔하다고 짚어준 분들의 댓글을 마주한 덕분에 깨달았습니다. 뻔하고 당연한 것들이, 사실은 우리가 너무 당연해서 매번 놓치게 되는 부분이라는 것을 말이죠.

저 또한 이렇게 매번 글을 쓰면서 마음을 다잡는다고 해도 현장에서 아이들을 만나면 가슴이 답답해질 때도 있고, 화가 나기도 하고, 자책하는 나날의 연속입니다. '나도 모르게 결과에 대한 칭찬을 너무 많이 했구나.', '아이가 그림을 꽉 채워서 그리지 않으니까 다른 것들로 채우기를 바라는 마음에 아이를 재촉한 건 아닐까?', '아이가 수업에 참여하지 않고 장난만 쳐서 순간 한숨을 쉬었네. 그러지 않아야 하는 걸 알면서도…….' 이런 복잡한 마음의 목소리가 저의 마음속에서 시끄럽게 퍼질 때, 제가 직접 쓴 글귀를 읽어

봅니다. 그리고 훌륭한 아동 연구 전문가들이 영상과 책에서 이야기하는, 당연하지만 잊지 않아야 할 이야기들을 보며 마음을 다시 다잡기를 반복합니다.

저를 비롯하여 아이들과 함께하는 부모님들 그리고 다양한 분야에 계시는 교육자들, 우린 모두 완벽하지 않습니다. 아이들과 함께하는 매 순간마다 후회하고 미안해하고 자책합니다. 그렇지만 우리는 결코 아이들 곁에 머물기를 포기하지 않습니다. 아이를 온 마음 다해 사랑하니까요. 그런데 우리가 어렸을 때도 그랬듯이, 아무리 부모가 어린 나에게 모진 말을 해서 밉다고 하더라도, 아이들은 부모에게 더 큰 사랑으로 보답해주고, 부모에게 많은 기회를 줍니다. 허나, 부모의 실수와 비난이 잦아서 많아진 상태로 어른이 된다면 평생 부모를 원망하며 살기도 합니다.

저는 글을 쓰고 미술 교육자로서 아이들과 함께하며 그토록 바라고 원하던 꿈을 이루었지만, 아직 한 가지 꿈이 남아 있습니다. 그 꿈은 나중에 저의 자녀로 태어날 아이에게 좋은 기억을 선물해주는 것입니다. 우리가 세상을 살아갈 때, 꼭 한 명쯤 기억에 오래 머무는 사람이 있습니다. 기억 속에서 잊히지 않는 사람을 떠올려보면 그들은 "나는 좋은 사람이야!"라고 굳이 이야기를 하지 않아도 주변에서 입을 모아 그들의 존재를 증명해줍니다. 그래서 잊히지 않는 사람들은 사람들 마음에 좋은 기억을 많이 남겨주어서 함께 있지 않아도 함께 있는 느낌이 들기도 합니다. 이렇게 보면, 그 사람이 어떤 사람이었는지 알 수 있는 것은 사람들이 그 사람에 대해 어떤 기억을 가지고 있는지를 보면 알 수 있다고 생각합니다. 나의 부모에게도 이 공식은 적용이 됩니다. '부모와 함께했던 시간을 떠올리고 싶지 않아.'라고 부모를 기억하는 사람이 있는 반면, '난 우리 엄마 아빠를 존경해.'라고 부모를 정의하는 사람들도 있습니다.

아이가 부모를 떠올릴 때 좋은 기억을 생각하며 사랑을 느끼는 것만큼 부모와 자식 관계를 의미 있게 해주는 것은 없을 것입니다. 아이가 부모의 존재를 생각할 때 마음이 따뜻해지고, 아팠던 기억보다 행복했던 기억을 더 많이 떠올려준다면 부모로서 그것만큼 행복한 것이 또 있을까요? 그래서 저는 훗날 자녀가 어른이 되어서 부모를 원망하는 마음과 사랑하는 마음 사이에서 괴로움을 겪지 않고, 부모에 대한 좋은 기억들을 많이 심어주고 싶은 꿈을 가지고 있습니다.

아이에게 행복한 기억을 주기 위해 선물과 애정 표현을 듬뿍 해주기만 하면 되는 것일까요? 어릴 때 행복했던 기억들을 생각해보면, 부모님께서 온전히 나를 있는 그대로 존중해주었던 사소한 말과 행동들이라는 것을 몇 가지 기억만 떠올려도 금방 알아차릴 수 있습니다.

아이들은 진심이 담긴 엄마의 한마디, 다정했던 아빠의 미소, 상냥했던 선생님의 포옹을 청년이 되어서, 중년기를 지나 노년기가 될 때까지 기억합니다. 연약하고 힘이 없던 어린 나에게 건네주었던 부모와 선생님의 따스한 말과 표정을 기억하며 그 어떤 모진 일에도 버티고 견디며 살아갈 수 있게 됩니다.

마지막으로 이 책을 끝까지 읽어준 고마운 당신

께, 마지막 질문을 던지며 이 책을 마무리 짓습니다.

'훗날, 아이의 기억 속에 당신은 어떤 부모로 기억
되고 싶으신가요?'

이렇게 말해줘야겠다

초판 1쇄 인쇄 2022년 5월 4일
초판 1쇄 발행 2022년 5월 13일

지은이　　수정빛
펴낸이　　떠오름

기획　　　손힘찬
편집　　　권희중, 김준하, 권기우
디자인　　최희종
마케팅　　고경표, 김하나
영업관리　김태영

펴낸곳　　**주식회사 떠오름**
출판등록　제2021-000002호(2020년 4월 28일)
주소　　　서울특별시 서초구 강남대로 479, 비1층 122호
전화　　　070-4036-4586　팩스 02-6305-4923
홈페이지　www.risebooks.co.kr
이메일　　tteoreum9@nate.com

값　16,200원
ISBN 979-11-92372-06-8　03590

ⓒ 주식회사 떠오름·수정빛, 2022